新媒体可视化科学教育丛书

立体几何 第2版

（高中数学）

Solid Geometry

主 编 / 徐奇智

副主编 / 陈叔伦 项 杰 杨明志

U0190492

中国科学技术大学出版社

内 容 简 介

本书是以数学新课程标准为依据，以数学学科核心素养为目标，优化知识的呈现方式，并深度应用可动态交互的AR、互动微件等新媒体技术，采用可视化教学和沉浸式学习方式，融科学性、艺术性、互动性和趣味性为一体的数学可视化教学用书. 全书分为空间几何体，点、直线、平面之间的位置关系以及空间向量与立体几何三个部分，其内容主要是对三维空间的几何对象进行直观感知、操作确认、思辨论证，使学生的认识从平面图形延拓至空间图形，完成由二维空间到三维空间的转化.

图书在版编目（CIP）数据

立体几何 / 徐奇智主编. —2版. —合肥：中国科学技术大学出版社，2023.9
（新媒体可视化科学教育丛书）
ISBN 978-7-312-05777-9

Ⅰ. 立… Ⅱ. 徐… Ⅲ. 立体几何 Ⅳ. O123.2

中国国家版本馆CIP数据核字(2023)第165761号

立体几何（第2版）
LITI JIHE（DI 2 BAN）

出版	中国科学技术大学出版社
	安徽省合肥市金寨路96号，230026
	http://press.ustc.edu.cn
	https://zgkxjsdxcbs.tmall.com
印刷	安徽国文彩印有限公司
发行	中国科学技术大学出版社
开本	787 mm × 1092 mm　1/16
印张	15.5
字数	226千
版次	2019年2月第1版　2023年9月第2版
印次	2023年9月第3次印刷
定价	89.00元

编 委 会

再 版 前 言

第1版出版后，编委团队内心惶恐，恐有不足之处，在自省自查以及虚心接受了广大读者的反馈后，今再版，希望可以日臻完善.

相比于第1版，本次再版首先考虑到全国的教学实际情况，有的省份仍然考查三视图等内容，并且结合可视化素材，在三视图的讲解过程中，空间构建直观感受更加高效，所以仍然保留. 不再考查的省份可以作为阅读内容，拓展讲解，不做要求. 再者，根据反馈，此次的修订改正了个别用词不准确的现象，并且在读者产生困惑之处增加图文进一步说明，以降低学习难度. 此外，本次再版在第2章的末尾增加了球的专题题型拓展，总结了8种常见的模型并配上了相应的巩固知识的练习，构建与球有关的空间感. 同时，本次再版在书的最后新增了"参考答案"，并附了题目详细讲解的二维码，让读者知对错，及时纠正，获得更大的进步.

本书再版过程中，来自教育行业的方旭老师、滕磊老师、秦怡老师、储松苗老师、李天老师给予了大力支持，中国科学技术大学硕士研究生王子祎、刘宇珩、曹子一、王琳琳对书稿进行了精细打磨，以及火花学院团队相关人员密切配合，在此向他们表示衷心的感谢！

由于时间紧、工作量大，加之水平有限，书中存在不足之处在所难免，敬请广大读者批评指正.

主　编

前　言

　　几何学是伴随着人类文明的进步而发展起来的．古代的几何学源于对几何图形的度量．如公元前1800年左右的古埃及，因尼罗河泛滥要求丈量土地的面积；中国西周时期，因天文学测量需要产生了"勾三股四弦五"的几何结论等．到公元前600年，以欧几里得的《几何原本》为代表的古希腊演绎几何学，闪耀着理性思维的光芒．再到文艺复兴时期，笛卡儿发现用代数方法可以研究图形的几何形式，划时代地创立了解析几何与坐标方法，使得用数量标志几何位置成为可能．此后的几何学，一直沿着两个方向发展：一个是基于几何直观的综合几何学；另一个是解析几何和向量几何．本书综合了这两个方向，以空间几何体，点、直线、平面之间的位置关系以及空间向量与立体几何为主要内容．

　　在普通高中数学课程标准修订组提出数学抽象、逻辑推理、数学建模、直观想象、数学运算和数据分析六个高中数学核心素养之后，如何在课堂教学中发展学生核心素养就成了一个很重要的课题．本书旨在探索如何在立体几何教学中发展学生的数学核心素养．

　　在内容安排上，我们将立体几何的教学内容安排成一个由具体到抽象的过程，先带同学们认识现实中的几何体，然后慢慢抽象到数学中的标准几何体，最后到组成几何体的点、直线、平面之间的位置关系以及计算与证明等综合问题．这样的内容安排更贴近数学学科的特点．

　　在教材的结构上，我们遵循"激发学习兴趣—学习基础数学—巩固数学知识—拓展数学知识—内化科学思维"的规律，安排了"引言""科普""拓展""章末复习"等环节．值得一提的是，我们在每章的最后加入了"思维导图"的复习环节，期望能为学生提供"整体观"的概念，帮助他们更好地加工、整合、应用知识并记忆各章的核心内容．

　　本书第1章和第2章的学习，可以帮助学生以常见图形为载体，认识和理解空间中点、直线、平面之间的位置关系；用数学的语言表述有关平行、垂直的性质与判定，并对某些结论进行论证；了解一些简单几何体的表面积和体积的计算方法；运用直观感知、操作确认、推理论证、度量计算等方法认识和探索空间图形的性质，建立空间观念．

　　本书第3章的学习，可以帮助学生在学习平面向量的基础上，利用类比的方法理解空间向量的概念、运算、基本定理和应用，体会平面向量与空间向量的共性与差异；运用向量的方法研究空间基本图形的位置关系和度量关系，体会向量方法和综合几何方法的共性和差异；运用向量的方法解决简单的数学问题和实际问题，感悟向量是研究几何问题的有效工具．

本书通过AR、H5交互等新媒体技术，优化了知识的呈现方式，在面对一些抽象的数学问题时，交互式新媒体技术让知识的表达更清晰、更有趣、更高效，同时带给读者可视化与沉浸式学习的全新体验.

在编写本书的过程中，我们同时在思考：当今的教育环境最缺少的是什么？除了端正的学习态度和严谨的教学方式之外，我们还应该怎么样去保护孩子的想象力和求知欲？数学的教学应该源自发现数学之美，化繁为简，让孩子保持一颗探索数学的心！科技的发展为我们面临的困境提供了解决思路，我们希望通过这种交互式的学习，为孩子插上梦想的翅膀，使他们在收获知识的同时，能够发现数学，探索数学，爱上数学. 这也是我们教育工作者的初衷与价值所在.

本书得到了合肥八中宇业庆老师、柳大伟老师，合肥一中杜中海老师的大力支持，还有来自教育行业的石可达老师、丁小卫老师、付磊老师、滕磊老师、张晓琴老师的倾心付出，在此向他们表示衷心的感谢！

主　编

目　录

Contents

Contents

第1章

空间几何体

■ **活动探究** Activities to Explore

我们一直在观察周围各种各样的物体，并且不断地学会区别物体形状之间的差异．从儿童阶段起，我们通过自己的摸索以及父母和老师的传授了解了一些物体的形状特征，如桌子、房屋、汽车、火箭等．后来又通过学习几何知识认识了一些几何图形，如长方形、圆形、球形等．

人类从能区分各类物体到通过把一些简单物体画到纸上来表达它们，再到如今利用计算机绘制更加复杂的物体图形，历经了几千年光景．

在初中阶段我们学习过一些简单的几何图形，图1.1中的高楼大厦其实都是由这些简单的几何图形构成的．为了深入分析这些立体图形的结构特征，我们带着下面三个问题，开始本章的学习：

1. 如何描述立体图形的结构？

2. 如何在平面上表现立体图形？

3. 如何用数量关系刻画立体图形的大小？

图1.1

1.1 构成空间几何体的基本元素

1.1.1 平面

如图1.2所示，生活中常见的一些物体均呈现平面的形状，如黑板面、墙面、桌面等.

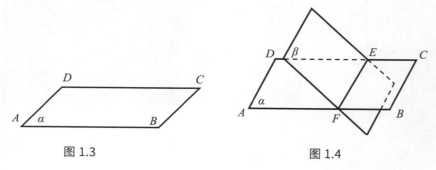

图 1.2

几何里所说的"平面"就是从生活中的这些物体抽象出来的. 但是，几何里的平面是无限延展的.

通常情况下，我们把水平的平面画成一个平行四边形. 如图1.3所示，平行四边形的锐角通常画成45°，且横边长等于其邻边长的2倍. 如果一个平面被另一个平面遮挡住，为了增强它的立体感，我们常把被遮挡的部分用虚线画出来，如图1.4所示.

图 1.3

图 1.4

我们常把希腊字母α，β，γ等写在代表平面的平行四边形的一个角上，用来表示平面α、平面β、平面γ等；也可以用代表平面的平行四边形的四个顶点，或者相对的两个顶点的大写英文字母作为这个平面的名称．图1.3所示的平面α，也可以表示为平面$ABCD$、平面AC或者平面BD.

1.1.2 空间几何体

我们周围存在着各种各样的物体，它们都占据着空间的一部分．如果我们只考虑这些物体的形状和大小，而不考虑其他因素，那么由这些物体抽象出来的空间图形就叫作空间几何体（space geometry）．

如图1.5所示，以水立方为例．将水立方看作长方体（图1.6），记作长方体$ABCD\text{-}A'B'C'D'$．长方体由六个矩形（包括它的内部）围成．围成长方体的各个矩形，叫作长方体的面；相邻两个面的公共边，叫作长方体的棱；棱和棱的公共点，叫作长方体的顶点．长方体有6个面、12条棱、8个顶点．

图 1.5

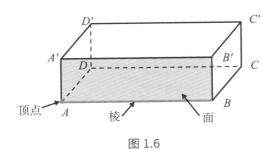

图 1.6

1.1.3 构成空间几何体的基本元素

通过对长方体和其他几何体的构成的观察分析, 我们可知任意一个几何体都是由点、线、面构成的. 因此, 点、线、面是构成几何体的基本元素.

我们可以从运动的角度来理解点、线、面、体之间的关系. 如图1.7所示, 流星划过夜空时, 会给我们一种"点动成线"的视觉感受.

图 1.7

在几何中, 可以把线看成点运动的轨迹. 如果点运动的方向始终不变, 那么它运动的轨迹就是一条直线或线段; 如果点运动的方向时刻在变化, 那么它运动的轨迹就是一条曲线或曲线中的一段. 如图1.8所示.

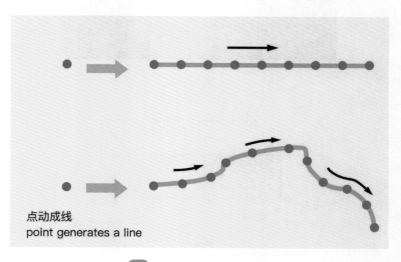

点动成线
point generates a line

微件 图 1.8 | 点动成线

同样，一条线运动的轨迹可以是一个面．如果直线运动的方向始终不变，那么它运动的轨迹就是一个平面或平面的一部分；如果直线运动的方向发生改变，那么它运动的轨迹就是一个曲面或曲面的一部分．另外，直线绕定点转动，可以形成锥面或圆平面．如图1.9所示．

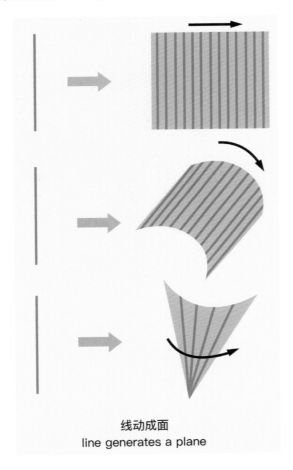

线动成面
line generates a plane

微件　图 1.9│线动成面

面运动的轨迹（经过部分的空间）可以形成一个几何体．如果面运动的方向始终不变，那么它的轨迹就是一个棱柱；如果面运动的方向发生改变，那么它的轨迹就是一个空间几何体．如图1.10所示．

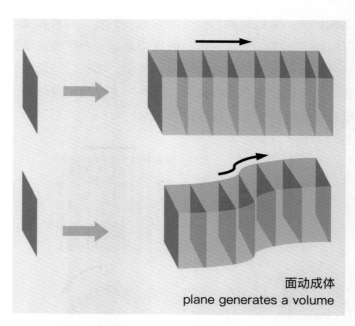

面动成体
plane generates a volume

微件　图 1.10｜面动成体

如图1.11所示，这个长方体可看成矩形$ABCD$上各点沿铅垂线向上移动相同距离到矩形$A'B'C'D'$所形成的几何体．如果把矩形$ABCD$看作长方体的一个底面，则棱AA'，BB'，CC'，DD'互相平行且等长，我们知道它们的长度都等于这个底面上的高．这个高的长度是两平行底面间的距离，也是顶点A'，B'，C'，D'到底面$ABCD$的距离．

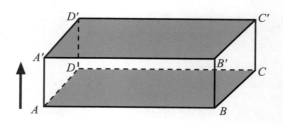

图 1.11

1.2 空间几何体的结构特征

1.2.1 多面体与旋转体的概念

几何学是研究现实世界中物体形状、大小及位置关系的数学学科. 空间几何体是几何学的重要组成部分. 图1.12所示是日常生活中常见的各式各样的几何体.

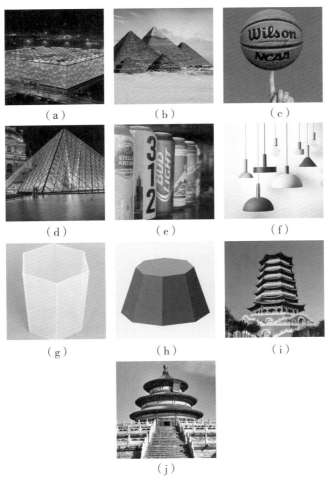

（a）　　　　（b）　　　　（c）

（d）　　　　（e）　　　　（f）

（g）　　　　（h）　　　　（i）

（j）

图 1.12

观察图1.12，能否给图1.12中的物体分类？说出具体理由.

通过观察图1.12，我们会发现（a）（b）（d）（g）（h）具有同样的特点：组成几何体的每个面都是平面图形，并且都是平面多边形.（c）（e）（f）（i）（j）具有同样的特点：组成它们的面不全是平面图形.

一般地，我们把由若干个平面多边形围成的几何体叫作多面体. 围成多面体的各个多边形称为多面体的面，如面 $A'B'C'D'$；相邻两个面的公共边称为多面体的棱，如棱 AB，$A'B'$；棱与棱的公共点称为多面体的顶点，如顶点 A，B'. 如图1.13所示.

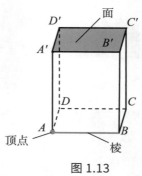

图 1.13

如果多面体在它们每一面所决定的平面的同一侧，则称此多面体为凸多面体或欧拉多面体. 本书中提到的多面体，如果没有特殊说明，指的都是凸多面体.

我们把由一个平面图形绕它所在平面内的一条定直线旋转所形成的封闭几何体叫作旋转体，这条定直线称为旋转体的轴. 一条平面曲线（包括直线）绕着它所在平面内的一条定直线旋转所形成的曲面叫作旋转面. 如图1.14所示.

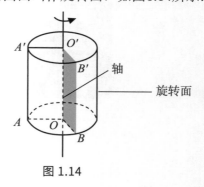

图 1.14

欧拉定理：由若干平面多边形围成的封闭的立体叫作多面体，这些平面多边形称为多面体的面，多边形的边和顶点分别称为多面体的棱和顶点．如果多面体在它们每一面所决定的平面的同一侧，则称此多面体为凸多面体．若一个凸多面体的表面可连续地变形为一个球面，则称之为简单多面体．设 G 是一个简单多面体，其顶点数为 V，棱数为 E，面数为 F，则有如下著名的欧拉公式：$V-E+F=2$.

莱昂哈德・欧拉（Leonhard Euler，1707 年 4 月 15 日 — 1783 年 9 月 18 日），瑞士数学家和物理学家，近代数学先驱之一，被誉为"全才数学家"．撰写了分别以力学、分析学、几何学、变分法等为主要内容的课本，在许多数学的分支中也可以经常见到以他的名字命名的重要常数、公式和定理，诸如欧拉定理、欧拉公式等．

1.2.2 柱、锥、台、球的结构特征

1. 简单多面体的结构特征

（1）棱柱的结构特征

图1.12中的（a）和（g）都有两个面互相平行，其余各面为四边形，并且每相邻两个四边形的公共边相互平行，由这些面所围成的几何体叫作棱柱（prism），如图1.15所示．

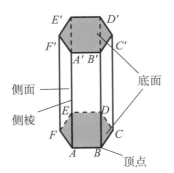

微件 图 1.15｜棱柱的构建

棱柱中，两个互相平行的面叫作棱柱的底面，简称底；其余各面叫作棱柱的侧面，棱柱的侧面是平行四边形．两个面的公共边叫作棱柱的棱，相邻侧面的公共边叫作棱柱的侧棱．侧面与底面的公共顶点叫作棱柱的顶点．

棱柱的底面可以是三角形、四边形、五边形……这样的棱柱分别叫作三棱柱、四棱柱、五棱柱……通常用底面各顶点的字母表示棱柱，如图1.15所示的棱柱可表示为棱柱 $ABCDEF\text{-}A'B'C'D'E'F'$．

■ 拓展 Expansion

$\{正方体\} \subsetneqq \{正四棱柱\} \subsetneqq \{长方体\} \subsetneqq \{直平行六面体\} \subsetneqq \{平行六面体\} \subsetneqq \{四棱柱\}$

类　型	特　点	示意图
一般棱柱	一般地，有两个面互相平行，其余各面都是四边形，并且每相邻两个四边形的公共边都相互平行，由这些面所围成的多面体叫作棱柱	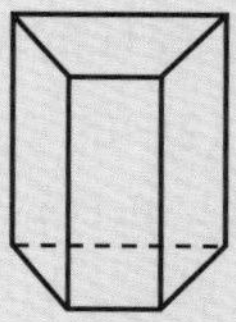
斜棱柱	侧棱不垂直于底面的棱柱叫作斜棱柱	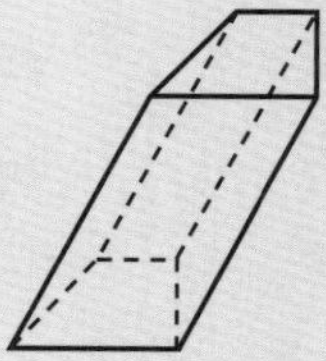

类　型	特　点	示意图
平行六面体	底面是平行四边形的棱柱叫作平行六面体	
直棱柱	侧棱垂直于底面的棱柱叫作直棱柱	
正棱柱	底面是正多边形的直棱柱叫作正棱柱	
正方体	侧面和底面均为正方形的直平行六面体叫作正方体	

（2）棱锥的结构特征

图1.12中的（b）和（d）都是由平面图形围成的，其中一个面是多边形，其余各面都是有一个公共顶点的三角形，由这些面围成的几何体叫作棱锥（pyramid），如图1.16所示.

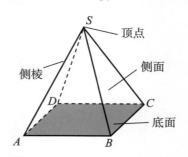

微件　图1.16｜棱锥的构建

棱锥中，多边形面叫作棱锥的底面或底；有公共顶点的各个三角形面叫作棱锥的侧面；各侧面的公共顶点叫作棱锥的顶点；相邻侧面的公共边叫作棱锥的侧棱.

底面是三角形、四边形、五边形……的棱锥分别叫作三棱锥、四棱锥、五棱锥……底面是正多边形且从顶点到底面的垂足是这个正多边形的中心的棱锥称为正棱锥.

通常用顶点和底面各顶点的字母来表示棱锥，如图1.16所示的四棱锥可表示为棱锥$S\text{-}ABCD$.

例题 Examples 构图助手

例1.1　以正方体八个顶点中的n个点作为顶点，组成新的空间几何体. 按照以下要求分别画出图形：

（1）过一个顶点的三个面都是直角三角形的直角锥体；

（2）各面都是等边三角形的锥体；

（3）各面都是直角三角形的锥体.

【分析】

借助正方体图形，能比较容易地画出符合要求的三棱锥.

【解答】

以正方体八个顶点中的 n 个点作为顶点，组成新的空间几何体．

（1）过一个顶点的三个面都是直角三角形的直角锥体：三棱锥 A-BCD 是过顶点 C 的直角锥体，其中 $\triangle ABC$，$\triangle ADC$，$\triangle BCD$ 都是直角三角形（图 1.17）．

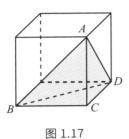

图 1.17

（2）各面都是等边三角形的锥体：如图 1.18 所示的三棱锥 A-BDE，其中 $\triangle ABD$，$\triangle ABE$，$\triangle ADE$，$\triangle BDE$ 都是等边三角形．

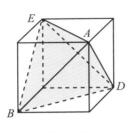

图 1.18

（3）各面都是直角三角形的锥体：如图 1.19 所示的三棱锥 B-CEF，其中 $\triangle BCF$，$\triangle BEF$，$\triangle BCE$，$\triangle CEF$ 都是直角三角形．

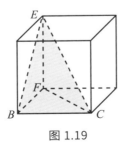

图 1.19

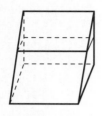

图 1.21

如图 1.21 所示，若一个几何体中有两个面互相平行，且其余各面均为梯形，则它一定是棱台．此命题是否正确？说明理由．

（3）棱台的结构特征

用一个平行于棱锥底面的平面去截棱锥，底面与截面之间的部分叫作棱台，如图1.20所示．原棱锥的底面叫作棱台的下底面，截面叫作棱台的上底面，棱台也有侧面、侧棱、顶点．

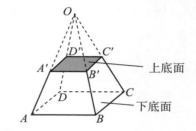

微件　图 1.20｜棱台的构建

底面是三角形、四边形、五边形……的棱台分别叫作三棱台、四棱台、五棱台……由正棱锥截得的棱台叫作正棱台．棱台通常用上底面和下底面各顶点的字母表示，如图1.20所示的四棱台可表示为棱台 $ABCD\text{-}A'B'C'D'$．

■ 拓展 Expansion

通过学习可知，棱柱、棱台、棱锥之间有很多相似点，那么它们三者之间是否存在联系呢？

如图1.22所示，棱柱、棱台、棱锥之间的转化关系可看成棱台上底面和下底面相对大小的变化关系．当下底面不变时，若棱台的上底面扩大到和下底面全等，则棱台变成棱柱；若棱台的上底面缩小为一点，则棱台变成棱锥．

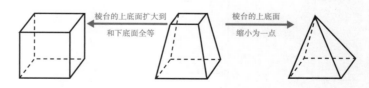

微件　图 1.22｜棱柱、棱台、棱锥的变化关系

2. 简单旋转体的结构特征

（1）圆柱的结构特征

如图1.23所示，以矩形的一边所在直线为旋转轴，其余三边旋转形成的面所围成的旋转体叫作圆柱（circular cylinder）.

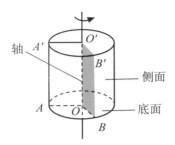

微件　图 1.23｜圆柱的构建

旋转轴叫作圆柱的轴；垂直于轴的边旋转而成的圆面叫作圆柱的底面；平行于轴的边旋转而成的曲面叫作圆柱的侧面；无论旋转到什么位置，不垂直于轴的边都叫作圆柱侧面的母线.

通常用上、下底面的圆心表示圆柱，如图1.23所示的圆柱可表示为圆柱OO'.

（2）圆锥的结构特征

如图1.24所示，以直角三角形的一条直角边所在直线为旋转轴，其余两边旋转形成的面所围成的旋转体叫作圆锥（circular cone）.

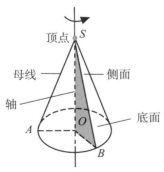

微件　图 1.24｜圆锥的构建

旋转轴叫作圆锥的轴；垂直于轴的边旋转而成的圆面叫作圆锥的底面；不垂直于轴的边旋转而成的曲面叫作圆锥的侧面；无论旋转到什么位置，不垂直于轴的边都叫作圆锥侧面的母线.

通常用顶点和底面圆心表示圆锥，如图1.24所示的圆锥可表示为圆锥SO.

（3）圆台的结构特征

如图1.25所示，以直角梯形垂直于底边的腰所在的直线为旋转轴，其余各边旋转形成的曲面所围成的几何体叫作圆台.

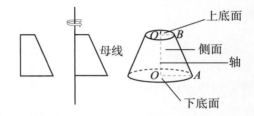

微件　图 1.25｜圆台的构建

旋转轴叫作圆台的轴；垂直于旋转轴的上边旋转而成的圆面叫作圆台的上底面；垂直于旋转轴的下边旋转而成的圆面叫作圆台的下底面；不垂直于旋转轴的边旋转而成的曲面叫作圆台的侧面；无论旋转到什么位置，不垂直于轴的边都叫作圆台侧面的母线.

通常用上、下底面的圆心表示圆台，如图1.25所示的圆台可表示为圆台OO'.

除了可通过旋转的方法得到圆台外，圆台也可以看作用平行于圆锥底面的平面截这个圆锥而得到（图1.26）.

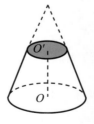

微件　图 1.26｜圆台的构建（截面法）

例1.2 如图1.27所示，用一个平行于圆锥底面的平面截这个圆锥，截得的圆台上、下底面的面积之比为1∶16，截去的圆锥的母线长是3 cm，则圆台的母线有多长?

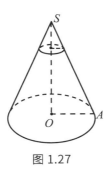

图 1.27

【分析】

设圆台的母线长为y，小圆锥底面与被截的圆锥底面的半径分别是x，$4x$，利用相似知识可求出圆台的母线长.

【解答】

因为截得的圆台上、下底面的面积之比为1∶16，所以圆台上、下底面的半径之比是1∶4.

如图1.28所示，设圆台的母线长为y，小圆锥底面与被截的圆锥底面的半径分别是x，$4x$，根据相似三角形的性质可得$\dfrac{3}{3+y}=\dfrac{x}{4x}$，解此方程得$y=9$.

所以圆台的母线长为9 cm.

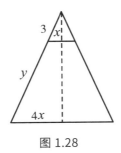

图 1.28

同棱柱、棱台、棱锥一样，圆柱、圆台、圆锥之间是否存在什么联系？

如图1.29所示，圆柱、圆台、圆锥之间的转化关系可看成上底面和下底面的相对大小的变化关系. 当下底面不变时，若圆台的上底面扩大到和下底面全等，则圆台变成圆柱；若圆台的上底面缩小为一点，则圆台变成圆锥.

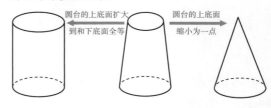

圆台的上底面扩大到和下底面全等 ← → 圆台的上底面缩小为一点

微件　图 1.29│圆柱、圆台、圆锥的变化关系

（4）球的结构特征

如图1.30所示，以半圆的直径所在直线为旋转轴，半圆面旋转一周形成的几何体叫作球体（solid sphere），简称球.

半圆的圆心叫作球的球心，半圆的半径叫作球的半径，半圆的直径叫作球的直径.

球常用球心的字母O表示，如图1.30所示的球可表示为球O.

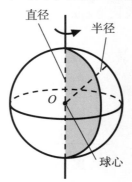

直径　　半径

O

球心

微件　图 1.30│球的构建

球面也可以看作空间中到一个定点的距离等于定长的点的集合.

用一个平面α去截半径为R的球，如图1.31所示. 不妨设平面α水平放置且不过球心，OO'为平面α的铅垂线，并与平面α交于点O'，$OO'=d$，则对于平面α与球面交线上的任意一点P，都有$O'P=r=\sqrt{R^2-d^2}$（R是球的半径）且为一个定值. 这说明截面与球面的交线是在平面α内到定点O'的距离等于定长r的点的集合. 所以一个平面截一个球面所得到的交线是以O'为圆心、$r=\sqrt{R^2-d^2}$为半径的一个圆. 也就是说，截面是一个圆面（圆及其内部）.

如果平面α过球心，则$OO'=0$，$r=R$，截面是半径等于球半径的一个圆面.

球面被经过球心的平面截得的圆叫作球的大圆；被不经过球心的平面截得的圆叫作球的小圆.

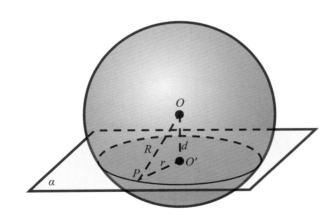

微件　图 1.31│大圆与小圆

若把地球看成一个球，经线就是球面上从北极到南极的半个大圆；赤道是一个大圆，其余的纬线都是小圆，如图1.32所示.

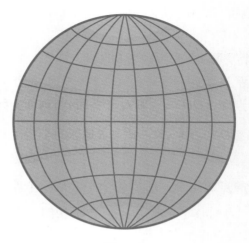

图 1.32

　　在球面上，两点之间的最短距离，就是经过两点的大圆在这两点间的一段劣弧的长度．我们把这个弧长叫作两点的球面距离．例如，图1.33中劣弧$\overparen{PQ}$的长度就是P，Q两点的球面距离．飞机、轮船都尽可能地以小圆弧（劣弧）为航线航行．

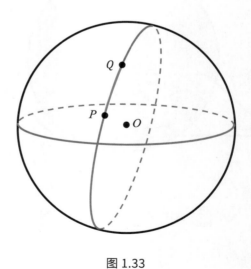

图 1.33

例题 Examples

例1.3 已知地球的半径为R，球面上A，B两点都在北纬45°圈上，它们的球面距离为$\frac{\pi}{3}R$，A点在东经30°上，求B点的位置及A，B两点在其纬线圈上所对应的劣弧的长.

【分析】

求B点的位置，就是求$\angle AO_1B$的大小，只需求出弦AB的长度即可. 对于AB，应把它放在$\triangle OAB$中求解，根据球面距离概念计算即可.

【解答】

如图1.34所示，设球心为O，北纬45°圈的中心为O_1. 由于两点的球面距离为$\frac{\pi}{3}R$，因此$\angle AOB=\frac{\pi}{3}$，故$\triangle OAB$为等边三角形，于是$AB=R$.

由$O_1A = O_1B = R\cdot\cos 45° = \frac{\sqrt{2}}{2}R$，可得

$O_1A^2 + O_1B^2 = AB^2$，即$\angle AO_1B=\frac{\pi}{2}$.

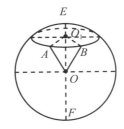

微件　图 1.34｜球面距离——经纬度

又A点在东经30°上，故B点的位置为东经120°，北纬45°或者西经60°，北纬45°.

因此A，B两点在其纬线圈上所对应的劣弧的长为$O_1A\cdot\frac{\pi}{2}=\frac{\sqrt{2}}{4}\pi R$.

1.2.3　简单组合体的结构特征

实际生活中，除了柱体、锥体、台体和球体等简单几何体外，还有大量的几何体是由简单几何体组合而成的，图1.35所示是生活中常见的简单组合体.

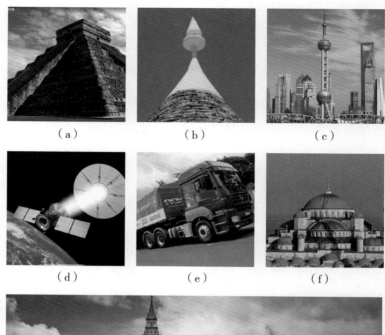

（a）　　　　　　　　（b）　　　　　　　　（c）

（d）　　　　　　　　（e）　　　　　　　　（f）

AR　（g）｜大本钟

AR　（h）｜火箭

图 1.35

蒙古包是蒙古族牧民居住的一种房子（图1.36（a）），图1.36（b）所示的蒙古包可以抽象成一个由圆柱和圆锥组成的组合体，可通过图1.37所示的过程旋转形成.

（a）

（b）

图 1.36

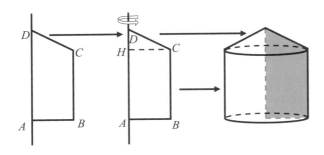

图 1.37

1. 如图所示，观察四个几何体，其中判断不正确的是（　　）.

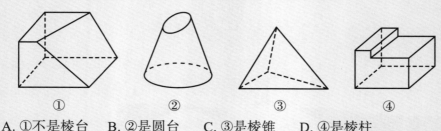

①　　　　②　　　　③　　　　④

A. ①不是棱台　　B. ②是圆台　　C. ③是棱锥　　D. ④是棱柱

2. 给出下列命题：① 有一条侧棱与底面两边垂直的棱柱是直棱柱；② 底面为正多边形的棱柱为正棱柱；③ 顶点在底面上的射影到底面各顶点的距离相等的棱锥是正棱锥；④ A，B 为球面上相异的两点，则通过 A，B 的大圆有且只有一个. 其中正确命题的个数是（　　）.

A. 0　　　　　　B. 1　　　　　　C. 2　　　　　　D. 3

3. 下列各组几何体中，都是多面体的一组是（　　）.

A. 三棱柱、四棱台、球、圆锥

B. 三棱柱、四棱台、正方体、圆台

C. 三棱柱、四棱台、正方体、六棱锥

D. 圆锥、圆台、球、半球

4. 已知下列命题，其中正确命题的个数是（　　）.

① 以直角三角形的一边为旋转轴旋转一周所得的旋转体是圆锥

② 以直角梯形的一腰为旋转轴旋转一周所得的旋转体是圆台

③ 圆柱、圆锥、圆台的底面都是圆

④ 用一个平面去截一个圆锥可得到一个圆锥和一个圆台

A. 0　　　　　　B. 1　　　　　　C. 2　　　　　　D. 3

5. 一个封闭立方体的六个面上各标出 A，B，C，D，E，F 这六个字母，现放成如图所示三种不同的位置，所看见的表面上的字母已标明，则字母 A，B，C 对面的字母分别是（　　）.

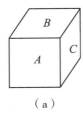
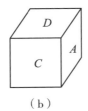
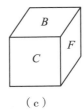

（a）　　　　　　（b）　　　　　　（c）

A. D，E，F

B. F，D，E

C. E，F，D

D. E，D，F

6. 下列说法正确的是（　　）.

A. 圆锥的侧面展开图是一个等腰三角形

B. 棱柱即两个底面全等且其余各面都是矩形的多面体

C. 任何一个棱台都可以补一个棱锥使它们组成一个新的棱锥

D. 通过圆台侧面上一点有无数条母线

7. 圆柱、圆锥、圆台的轴截面分别是_____、_____、_____.

8. 从如图1所示的圆柱中挖去一个以圆柱的上底面为底面，下底面的圆心为顶点的圆锥得到一个几何体，现用一个平面去截这个几何体，若这个平面垂直于圆柱的底面所在的平面，那么所截得的图形可能是图2中的_____（把所有可能的图形的序号都填上）.

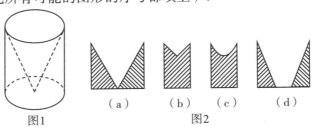

图1　　　　　　（a）　　（b）　　（c）　　（d）

图2

9. 请给以下各图分类.

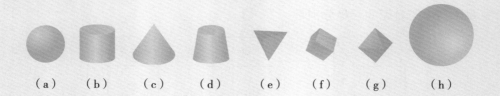

（a）　　（b）　　（c）　　（d）　　（e）　　（f）　　（g）　　　（h）

10. 线段 m 绕着直线 l 旋转一周.

（1）若线段 m 与直线 l 平行，如图（1）可得到什么图形？

（2）若线段 m 与直线 l 相交，如图（2）可得到什么图形？

（3）若线段 m 与 l 既不平行也不相交，如图（3）可得到什么图形？

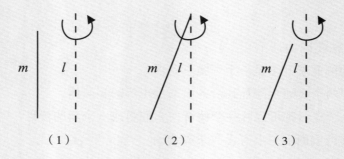

（1）　　　　　　（2）　　　　　　（3）

11. 如图所示几何体可分别看作由什么图形旋转360°得到？画出相应的平面图形和旋转轴.

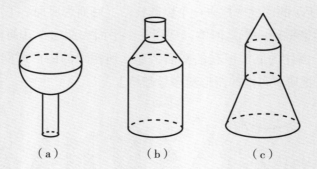

（a）　　　　　　（b）　　　　　　（c）

1.3 空间几何体的三视图和直观图

1.3.1 投影与直观图

1. 中心投影与平行投影

我们知道，光是沿直线传播的．由于光的照射，在不透明物体后面的屏幕上可以留下这个物体的影子，这种现象叫作投影．其中，我们把光线叫作投影线，把留下物体影子的屏幕叫作投影面．如图1.38所示．

图 1.38

把光由一点向外散射形成的投影叫作中心投影，中心投影的投影线交于一点．中心投影现象在我们的日常生活中非常普遍．例如，在电灯泡的照射下，物体后面的屏幕上就会形成影子，而且随着物体距离灯泡（或屏幕）的远近不同，形成的影子大小也会有所不同，如图1.39（a）所示．另外，皮影戏就是典型的中心投影在艺术创作中的应用，如图1.39（b）所示．

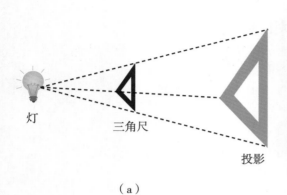

灯

三角尺

投影

（a）

（b）

图 1.39

把在一束平行光线照射下形成的投影叫作平行投影. 如图1.40所示，平行投影的投影线是平行的. 在平行投影中，投影线正对着投影面时，叫作正投影，反之叫作斜投影. 在平行投影之下，与投影面平行的平面图形留下的影子与这个平面图形的形状和大小是完全相同的. 我们可以用平行投影的方法画出空间几何体的直观图和三视图.

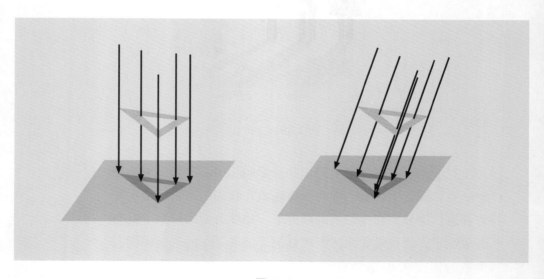

图 1.40

通过前面的学习，我们知道投影可分为两类，如图1.41所示.

下面我们来研究平行投影的性质.

容易观察到，当图形中的直线或线段不平行于投射线时，平行投影具有下述性质：

① 直线或线段的平行投影仍是直线或线段；

② 平行直线的平行投影是平行或重合的直线；

③ 平行于投射面的线段，它的投影与这条线段平行且等长，如图1.42所示的线段$A'B'$平行且等于AB，$C'D'$平行且等于CD；

④ 与投射面平行的平面图形，它的投影与这个图形全等；

⑤ 在同一直线或平行直线上，两条线段平行投影的比等于这两条线段的比.

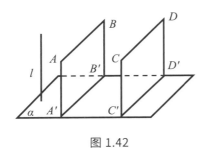

图 1.42

事实上，如图1.43所示，如果线段AB在平面α内的平行投影是$A'B'$，点M在AB上，且$AM:MB=m:n$，点M的平行投影M'在$A'B'$上，由平行线分线段成比例定理可得$A'M':M'B'=m:n$.

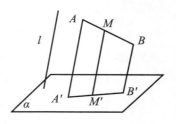

图 1.43

当投射线和投射面成适当的角度或改变图形相对于投射面的位置时，一个空间图形在投射面上的平行投影（平面图形）可以形象地表示这个空间图形.

2. 空间几何体的直观图

在立体几何中，空间几何体的直观图通常是在平行投影下画出的空间图形. 要画出空间几何体的直观图，首先要学会水平放置的平面图形的画法. 对于平面多边形，我们常用斜二测画法画出它们的直观图. 斜二测画法是一种特殊的平行投影画法. 下面我们以正六边形为例，说明水平放置的平面图形的直观图画法.

画法：

（1）如图1.44所示，在正六边形$ABCDEF$中，取AD所在直线为x轴，对称轴MN所在直线为y轴，两轴相交于点O.

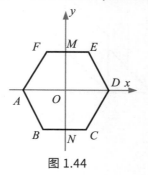

图 1.44

（2）在图1.45中，画相应的x'轴与y'轴，两轴相交于点O'，使$\angle x'O'y'=45°$（135°）．以O'为中点，在x'轴上取$A'D'=AD$，在y'轴上取$M'N'=\dfrac{MN}{2}$．以点N'为中点，画$B'C'$平行于x'轴，并且长度等于BC；再以点M'为中点，画$E'F'$平行于x'轴，并且长度等于EF．

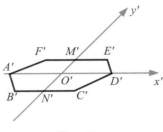

图 1.45

【思考】
Thinking

文中所提使$\angle x'O'y'=45°$，其实根据斜二测画法也可使$\angle x'O'y'=135°$，你会吗？动手试一试．

（3）连接$A'B'$，$C'D'$，$D'E'$，$F'A'$，并擦去辅助线x'轴和y'轴，便可获得正六边形水平放置的直观图$A'B'C'D'E'F'$，如图1.46所示．

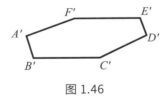

图 1.46

由以上过程我们可以概括出斜二测画法的基本步骤和规则：

① 在已知图形中取互相垂直的x轴和y轴，两轴相交于点O，画直观图时，把它们画成对应的x'轴与y'轴，两轴相交于点O'，且使$\angle x'O'y'=45°$（或135°），它们确定的平面表示水平面；

② 已知图形中平行于x轴或y轴的线段，在直观图中分别画成平行于x'轴或y'轴的线段；

③ 已知图形中平行于x轴的线段，在直观图中保持原长度不变，平行于y轴的线段，长度为原来的一半．

下面我们来探究空间几何体的直观图的画法.

用斜二测画法画长、宽、高分别是4 cm、3 cm、2 cm的长方体$ABCD\text{-}A'B'C'D'$的直观图.

画法：

（1）画轴. 如图1.47所示，画x轴、y轴、z轴，三轴相交于点O，使$\angle xOy=45°$，$\angle xOz=90°$.

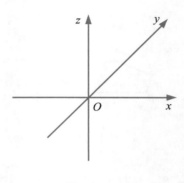

图 1.47

（2）画底面. 如图1.48所示，以点O为中点，在x轴上取线段MN，使$MN=4$ cm；在y轴上取线段PQ，使$PQ=\dfrac{3}{2}$ cm. 分别过点M和N作y轴的平行线，过点P和Q作x轴的平行线. 设它们的交点分别为A，B，C，D，四边形$ABCD$就是长方体的底面.

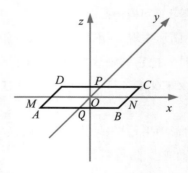

图 1.48

（3）画侧棱．如图1.49所示，过A，B，C，D四点分别作z轴的平行线，并在这些平行线上分别截取2 cm长的线段AA'，BB'，CC'，DD'.

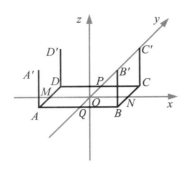

图 1.49

（4）成图．如图1.50所示，顺次连接A'，B'，C'，D'，并加以整理（去掉辅助线，将被遮挡的部分改为虚线），就可得到长方体的直观图．

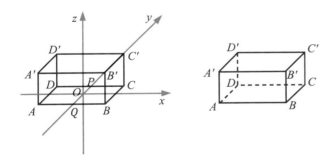

图 1.50

例题 Examples

例1.4 （1）用斜二测画法作出宽为3 cm、长为4 cm的矩形的直观图．

（2）图1.51是四边形$ABCD$的水平放置的斜二测画法的

直观图$A'B'C'D'$，且$A'D'//y'$轴，$A'B'//C'D'//x'$轴，则原四边形$ABCD$的面积为多少？

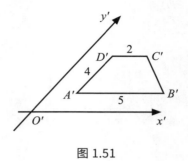

图1.51

（3）若△ABC是边长为1的正三角形，那么△ABC的斜二测平面直观图△$A'B'C'$的面积是多少？

（4）△ABC是边长为2的正三角形，则其水平放置（斜二测画法）的直观图的面积为多少？其直观图的周长为多少？

【分析】

（1）在已知图形所在的空间中取水平平面，作x'轴、y'轴使∠$x'O'y'=45°$，然后依据平行投影的有关性质逐一作图（图1.52）．

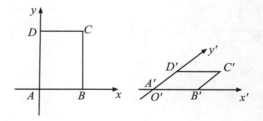

图1.52

（2）由已知中四边形$ABCD$的水平放置的斜二测画法的直观图$A'B'C'D'$，可得四边形$ABCD$是一个上底为2、下底为5、高为8的直角梯形，代入梯形面积公式，可得答案．

（3）由原图和直观图面积之间的关系$\dfrac{S_{直观图}}{S_{原图}}=\dfrac{\sqrt{2}}{4}$，求出

原三角形的面积，再求直观图△A'B'C'的面积即可（图1.53）.

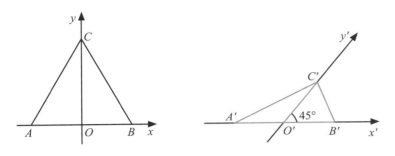

图1.53

（4）求出原三角形的面积，再由原图和直观图面积之间的关系 $\dfrac{S_{直观图}}{S_{原图}}=\dfrac{\sqrt{2}}{4}$，即可求出直观图△A'B'C'的面积．作出直观图，根据余弦定理求出边长即可求解周长（图1.54）.

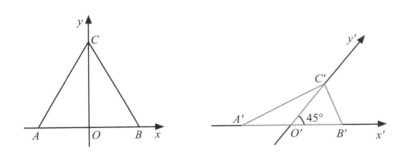

图1.54

【解答】

（1）① 在已知ABCD中分别取AB，AD所在边为x轴与y轴，相交于O点（O与A重合），画对应x'轴、y'轴使∠x'O'y'=45°.

② 在x'轴上取A'，B'使A'B'=AB，在y'轴上取D'，使 $A'D'=\dfrac{AD}{2}$，过D'作平行于x'轴的线段D'C'，且长度等于A'B'.

③ 连接C'B'，所得四边形A'B'C'D'就是矩形ABCD的直观图.

（2）因为直观图$A'B'C'D'$中，$A'D'//y'$轴，$A'B'//C'D'//x'$轴，所以四边形$ABCD$是一个上底为2、下底为5、高为8的直角梯形，其面积$S=\frac{1}{2}\times(2+5)\times8=28$.

（3）正三角形ABC的边长为1，故面积为$\frac{\sqrt{3}}{4}$，而在直观图中，原来的高变成了45°的线段，且长度是原高的一半，因此新图形的高是这个一半线段的$\frac{\sqrt{2}}{2}$倍，故新高是原来高的$\frac{\sqrt{2}}{4}$倍，而横向长度不变，所以原图和直观图面积之间的关系$\frac{S_{\text{直观图}}}{S_{\text{原图}}}=\frac{\sqrt{2}}{4}$，故直观图$\triangle A'B'C'$的面积为$\frac{\sqrt{3}}{4}\times\frac{\sqrt{2}}{4}=\frac{\sqrt{6}}{16}$.

（4）正三角形ABC的边长为2，故面积为$\sqrt{3}$，而原图和直观图面积之间的关系$\frac{S_{\text{直观图}}}{S_{\text{原图}}}=\frac{\sqrt{2}}{4}$，故直观图$\triangle A'B'C'$的面积为$\sqrt{3}\times\frac{\sqrt{2}}{4}=\frac{\sqrt{6}}{4}$.

其直观图$\triangle A'B'C'$的周长为
$L=C'A'+A'B'+B'C'$

$=\sqrt{1^2+\left(\frac{\sqrt{3}}{2}\right)^2-2\times1\times\frac{\sqrt{3}}{2}\times\cos135°}\quad\sqrt{1^2+\left(\frac{\sqrt{3}}{2}\right)^2-2\times1\times\frac{\sqrt{3}}{2}\times\cos45°}$

$=\left(\frac{\sqrt{6}}{2}+\frac{1}{2}\right)+2+\left(\frac{\sqrt{6}}{2}-\frac{1}{2}\right)=2+\sqrt{6}$

1. 下列命题中正确的是（　　）．

A. 正方形的直观图是正方形

B. 平行四边形的直观图是平行四边形

C. 有两个面平行，其余各面都是平行四边形的几何体叫棱柱

D. 用一个平面去截棱锥，底面与截面之间的部分组成的几何体叫棱台

2. 用斜二测画法画水平放置的平面图形的直观图，对其中的线段说法不正确的是（　　）．

A. 原来相交的仍相交

B. 原来垂直的仍垂直

C. 原来平行的仍平行

D. 原来共点的仍共点

3. 用斜二测画法画水平放置的平面图形直观图时，下列结论中正确的命题个数是（　　）．

① 平行的线段在直观图中仍然平行

② 相等的线段在直观图中仍然相等

③ 相等的角在直观图中仍然相等

④ 正方形在直观图中仍然是正方形

A. 1　　　　　　B. 2　　　　　　C. 3　　　　　　D. 4

4. 下列说法中正确的是（　　）．

A. 用一个平面去截棱锥，底面与截面之间的部分称为棱台

B. 空间中如果两个角的两边分别对应平行，那么这两个角相等

C. 通过圆台侧面上一点，有且只有一条母线

D. 相等的角在直观图中对应的角仍相等

5. 如图，$\triangle ABC$ 的斜二测直观图为等腰 Rt $\triangle A'B'C'$，其中 $A'B'=2$，则 $\triangle ABC$ 的面积为（　　）.

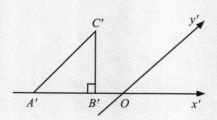

A. 2 　　　　 B. 4 　　　　 C. $2\sqrt{2}$ 　　　　 D. $4\sqrt{2}$

6. 用斜二测法画水平放置的 $\triangle ABC$ 的直观图，得到如图所示等腰直角 $\triangle A'B'C'$. 已知点 O' 是斜边 $B'C'$ 的中点，且 $A'O'=1$，则 $\triangle ABC$ 的 BC 边上的高为（　　）.

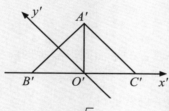

A. 1 　　　　 B. 2 　　　　 C. $\sqrt{2}$ 　　　　 D. $2\sqrt{2}$

7. 如图，正方形 $O'A'B'C'$ 的边长为2，它是水平放置的一个平面图形用斜二测画法得到的直观图，则原图形的周长是_____.

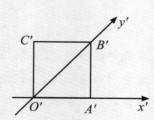

8. 已知用斜二测画法得到的某水平放置的平面图形的直观图是如图所示的等腰Rt△$O'B'C'$，其中$O'B'=1$，则原平面图形中最大边长为_____.

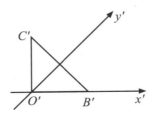

9. 如图，正方形$O'A'B'C'$的边长为1，它是水平放置的一个平面图形的直观图，则原图的周长是多少？

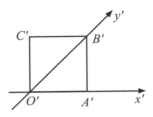

10. 如图，一个平面图形的斜二测画法的直观图是一个边长为a的正方形$O'A'B'C'$，则原平面图形的周长和面积分别为多少？

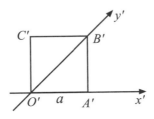

11. 一个水平放置的平面图形的直观图是一个底角为45°、腰和上底长均为1的等腰梯形，则该平面图形的面积等于多少？

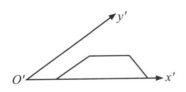

1.3.2　空间几何体的三视图

1. 常见几何体的三视图

把一个空间几何体投影到一个平面上，可以获得一个平面图形，但是只有一个平面图形难以把握几何体的全貌．因此，我们需要从多个角度进行投影，这样才能较好地把握几何体的形状和大小．通常，总是选择三种正投影方法：一种是光线从几何体的前面向后面正投影，得到投影图，这种投影图叫作几何体的正（主）视图；一种是光线从几何体的左面向右面正投影，得到投影图，这种投影图叫作几何体的侧（左）视图；一种是光线从几何体的上面向下面正投影，得到投影图，这种投影图叫作几何体的俯视图．如图1.55所示．

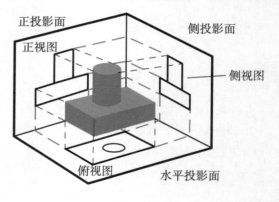

图 1.55

图1.56所示是长方体的三视图．可以发现，长方体的三视图都是长方形，其正视图和侧视图、侧视图和俯视图、俯视图和正视图都各有一条边长相等．

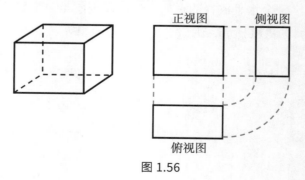

图 1.56

图1.57所示是圆锥的三视图. 圆锥的侧视图与正视图高度一样, 俯视图与正视图长度一样, 侧视图与俯视图宽度一样.

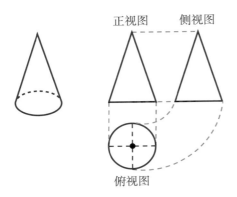

正视图　侧视图

俯视图

🔘 微件　图 1.57 | 常见几何体的三视图

通过上述分析可得到下面规律: 三视图之间的关系为长对正, 高平齐, 宽相等.

2. 简单组合体的三视图

图1.58所示是生活中常见的物体, 它们均可看作简单几何体的组合体, 我们称之为简单组合体. 对于简单组合体, 我们如何画出它的三视图呢?

（a）　　　　　　（b）　　　　　　（c）

图 1.58

对于简单组合体，我们要认真观察，先认识其基本结构，图1.58（a）所示是我们熟悉的生活中的一种容器．其主要结构，我们可近似看成由上到下分别为圆柱、圆台、圆柱，其三视图如图1.59所示．

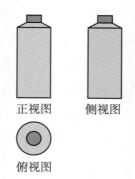

正视图　　侧视图

俯视图

微件　图 1.59｜简单组合体的三视图

3. 将三视图还原成实物图

通过之前的学习，我们可以由空间几何体画出其三视图．在实际生产中，工人要根据三视图加工零件，因此需要将三视图还原成实物图，这就要求我们能由三视图想象出它的空间实物形状．

图1.60所示是一个实物（简单组合体）的三视图，我们可以由此分析出该实物的左侧为一个圆柱，右侧为一个圆台，如图1.61所示，它是日常生活中常见的手电筒的空间结构．

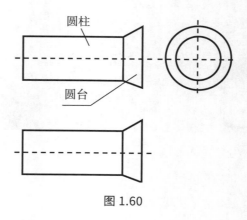

圆柱

圆台

图 1.60

图 1.61

例题 Examples

例1.5 将图1.62所示三视图还原成实物图.

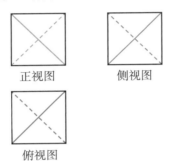

正视图　　　　侧视图

俯视图

图 1.62

【分析】

细致观察三视图，根据俯视图的几何特征，结合正视图和侧视图是正方形可以知道，这是从正方体当中截得的某些部分，从正视图的虚线和俯视图的虚线推测截面与三棱柱侧面的交线位置，用侧视图去验证推测正确与否.

【解答】

如图1.63所示.

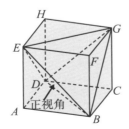

 微件　图 1.63｜由三视图还原成实物图——正方体

第1章　空间几何体

例1.6　将图1.64所示三视图还原成实物图.

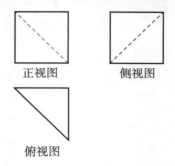

图 1.64

【分析】

细致观察三视图，根据俯视图的几何特征，结合正视图和侧视图是正方形可以知道，这是从三棱柱当中截得的某些部分，从正视图的虚线和俯视图推测截面与三棱柱侧面的交线位置，用侧视图去验证推测正确与否.

【解答】

如图1.65所示.

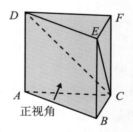

微件　图 1.65｜由三视图还原成实物图——三棱柱

例1.7　将图1.66所示三视图还原成实物图.

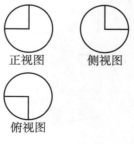

图 1.66

【分析】

细致观察三视图，根据三视图的结构特征可以初步推断出还原的立体图形与球有关. 结合每个视角两个相互垂直的半径，确定球体当中截去几何体的位置.

【解答】

如图1.67所示.

微件　图 1.67 | 由三视图还原成实物图——球

然而，根据三视图还原空间物体的空间结构时，其结果并不是唯一的，有时不同的组合体可能会得到一样的三视图.

例1.8　将图1.68所示三视图还原成实物图.

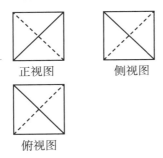

正视图　　　　侧视图

俯视图

图 1.68

【分析】

想一想，对比上一题，这里你会发现什么？

【解答】

如图1.69所示.

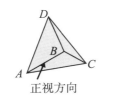

微件　图 1.69 | 探究三视图还原的不唯一性

1. 某四棱锥的三视图如图所示，则该四棱锥的最长棱的长度为（　　）.

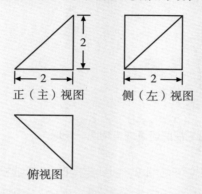

正（主）视图　　　侧（左）视图

俯视图

A. $3\sqrt{2}$　　　　B. $2\sqrt{3}$　　　　C. $2\sqrt{2}$　　　　D. 2

2. 将一个长方体沿相邻三个面的对角线截去一个棱锥，得到的几何体的正视图与俯视图如图所示，则该几何体的侧（左）视图为（　　）.

正视图

俯视图

A.　　　　B.　　　　C.　　　　D.

3. 如图所示为一个六棱柱，其三视图为（　　）.

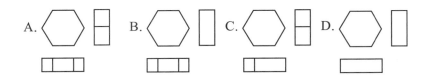

A.　　　　　B.　　　　　C.　　　　　D.

4. 某四棱锥的三视图如图所示，其中正视图是斜边为$\sqrt{2}$的等腰直角三角形，侧视图和俯视图均是两个边长为1的正方形，则该四棱锥的高为（　　）.

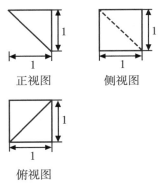

正视图　　　　侧视图

俯视图

A. $\dfrac{\sqrt{2}}{2}$　　　　B. 1　　　　C. $\sqrt{2}$　　　　D. $\sqrt{3}$

5. 如图所示，在正方体$ABCD$-$A_1B_1C_1D_1$中，E，F分别为AD，CD的中点，则图中五棱锥D_1-$ABCFE$的俯视图为（　　）.

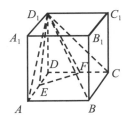

A. B. C. D.

6. 一个几何体的三视图如图所示，在该几何体的各条棱中最长棱的长度
为（   ）.

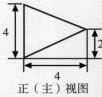

正（主）视图　　　侧（左）视图

俯视图

A. $4\sqrt{2}$　　　　B. $2\sqrt{5}$　　　　C. 6　　　　D. 8

7. 某几何体的正视图和侧视图均如图1所示，则在图2的四个图中可以作
为该几何体的俯视图的是_____.

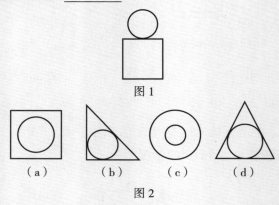

图1

（a）　　　（b）　　　（c）　　　（d）

图2

8. 某四面体的三视图如图所示，则该四面体的六条棱中最长棱的长度
为_____.

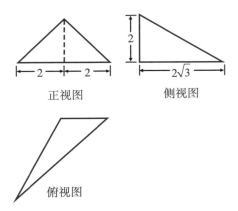

正视图　　　　　　　　侧视图

俯视图

9. 画出如图所示几何体的三视图.

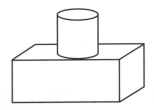

10. 一个几何体的主视图和侧视图如图所示，它是什么几何体？请你补画出这个几何体的俯视图.

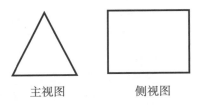

主视图　　　　　侧视图

11. 画出图中两个几何体的三视图.

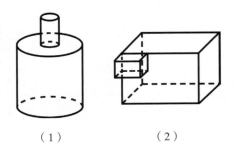

（1）　　　　　（2）

1.4　空间几何体的表面积和体积

1.4.1　柱体、锥体、台体的表面积和体积

1. 柱体、锥体、台体的表面积

表面积是指几何体表面的面积，它表示几何体表面的大小，体积是指几何体所占空间的大小.

正方体是由多个平面图形围成的多面体，其表面积就是各个面的面积的和，也就是展开图的面积.

如图1.71所示，它们的展开图是什么？如何计算它们的表面积？

【思考】
Thinking

图 1.70

如图 1.70 所示，我们在初中阶段学过正方体的表面积的算法，还记得它是如何推导的吗？

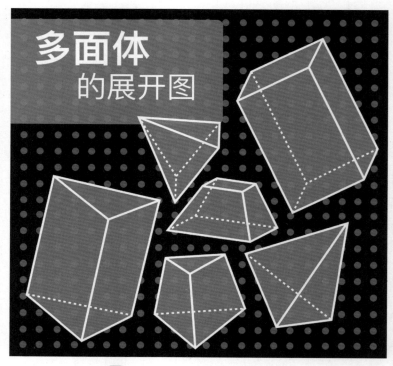

微件　图1.71｜多面体的展开图

棱柱、棱锥、棱台都是由多个平面图形围成的几何体，它们的侧面展开图还是平面图形，计算它们的表面积就是计算其各个侧面面积和底面面积之和．

类比多面体的表面积计算方法，图1.72所示的旋转体的表面积应该如何计算？

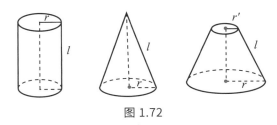

图 1.72

（1）圆柱的侧面展开图，如图1.73所示．

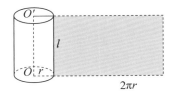

图 1.73

（2）圆锥的侧面展开图，如图1.74所示．

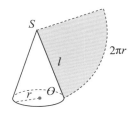

图 1.74

（3）圆台的侧面展开图，如图1.75所示．

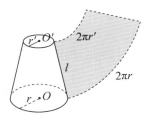

图 1.75

故它们的表面积计算如图1.76所示.

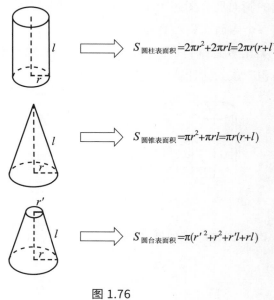

$S_{圆柱表面积}=2\pi r^2+2\pi rl=2\pi r(r+l)$

$S_{圆锥表面积}=\pi r^2+\pi rl=\pi r(r+l)$

$S_{圆台表面积}=\pi(r'^2+r^2+r'l+rl)$

图 1.76

■ 拓展 Expansion

如图1.77所示，圆柱、圆台、圆锥三者的表面积公式之间有什么关系？这种关系是巧合还是存在必然联系？

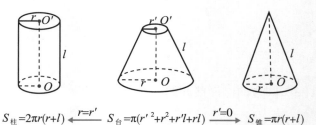

$S_{柱}=2\pi r(r+l) \xleftarrow{\ r=r'\ } S_{台}=\pi(r'^2+r^2+r'l+rl) \xrightarrow{\ r'=0\ } S_{锥}=\pi r(r+l)$

微件　图 1.77｜圆柱、圆台、圆锥的表面积变化关系

2. 柱体、锥体、台体的体积

在研究柱体的体积公式之前，我们首先学习一下祖暅原理．祖暅原理说的是夹在两个平行平面之间的两个几何体，被平行于这两个平面的任意平面所截，如果截得的两个截面的面积总相等，那么这两个几何体的体积相等．

如图1.78所示，夹在平行平面间的两个几何体（它们的形状可以不同），被平行于这两个平面的任何一个平面所截，如果截面（阴影部分）的面积都相等，那么这两个几何体的体积一定相等．

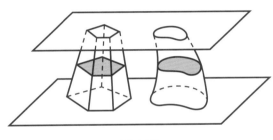

图 1.78

（1）柱体的体积公式

如图1.79所示，设底面积都等于S、高都等于h的三个柱体（例如一个斜棱柱、一个圆柱和一个直四棱柱）的下底面在同一平面内．

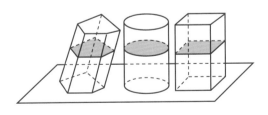

微件　图 1.79｜棱柱及圆柱的体积

由祖暅原理可知，它们的体积相等，于是柱体的体积公式为$V_{柱体}=S \cdot h$，其中S是柱体的底面积，h是柱体的高．

祖暅（gèng），又名祖暅之，字景烁，是我国南北朝时期南朝的数学家、科学家祖冲之的儿子．

历任太府卿等职，生卒年不详．受家庭尤其是父亲的影响，他从小就热爱科学，对数学具有特别浓厚的兴趣．祖暅原理是关于球体体积的计算方法，这是祖暅一生最有代表性的发现．

（2）锥体的体积公式

如图1.80所示，设底面积都等于S、高都等于h的两个锥体（例如一个棱锥和一个圆锥）的底面在同一平面内．根据祖暅原理，可推导出它们的体积相等．因此，等底面积等高的两个锥体的体积相等．

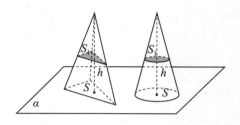

微件　图 1.80｜棱锥及圆锥的体积

如图1.81所示，设三棱柱$ABC\text{-}A'B'C'$的底面积为S，高为h，则它的体积为Sh.

将这个三棱柱分割成如图1.81所示的3个三棱锥．观察图形可知，三棱锥1，2的底面积相等，高也相等；三棱锥2，3也有相等的底面积和相等的高．因此，这3个三棱锥的体积相等，每个三棱锥的体积是$\dfrac{Sh}{3}$.

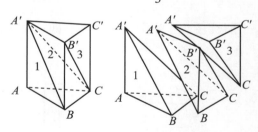

微件　图 1.81｜棱锥的体积公式推导

事实上，对于一个任意的锥体，设它的底面积为S，高为h，那么它的体积应等于一个底面积为S、高为h的三棱锥的体积，即这个锥体的体积为$V_{锥}=\dfrac{Sh}{3}$.

（3）台体的体积公式

如图1.82及图1.83所示，由于圆台（棱台）是由圆锥

（棱锥）截得的，因此可以利用两个锥体的体积差得到圆台
（棱台）的体积公式.

$$V = V_{P-ABCD} - V_{P-A'B'C'D'} = \frac{1}{3}(S' + \sqrt{S'S} + S)h$$

$$V_{圆台} = V_{大圆锥} - V_{小圆锥} = \frac{1}{3}(S' + \sqrt{S'S} + S)h$$

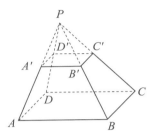

图 1.82

微件　图 1.83｜棱台及圆台的体积

■ 拓展 Expansion

> 如图 1.84 所示，圆柱、圆台、圆锥三者的体积
> 公式之间有什么关系？这种关系是巧合还是存在必
> 然联系？

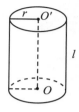

$$V_{柱体}=Sh \xleftarrow{\ S=S'\ } V_{台体}=\frac{1}{3}(S'+\sqrt{S'S}+S)h \xrightarrow{\ S'=0\ } V_{锥体}=\frac{1}{3}Sh$$

图 1.84

1.4.2 球的体积和表面积

1. 球的体积

球不同于柱体、锥体、台体，所以在求其体积和表面积时不同于柱体、锥体、台体的求法. 下面先回顾圆面积计算公式的推导方法，并思考是否可以利用这一方法推导球的体积和表面积公式.

由图1.85可观察到，当分割得越细时，将分割后的小份拼在一起的图形就可近似看成边长分别是R和πR的矩形，故圆的面积可近似等于πR^2.

微件　图 1.85│圆的面积探究

同理，我们把半球垂直于底面的半径作n等分，过这些等分点，用一组平行于底面的平面把半球分割成n个"小圆片"，其厚度可近似看作$\dfrac{R}{n}$. 如图1.86所示.

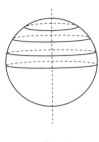

图 1.86

如图1.87所示，第i个"小圆片"下底面的半径为

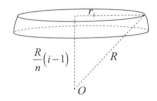

微件　图 1.87丨球的体积探究

$$r_i = \sqrt{R^2 - \left[\dfrac{R}{n}(i-1)\right]^2}, \quad i=1,~2,~\cdots,~n$$

$$V_i \approx \pi r_i^2 \cdot \dfrac{R}{n} = \dfrac{\pi R^3}{n}\left[1-\left(\dfrac{i-1}{n}\right)^2\right], \quad i=1,~2,~\cdots,~n$$

$$V_{半球} = V_1 + V_2 + \cdots + V_n$$

$$\approx \dfrac{\pi R^3}{n}\left\{1+\left(1-\dfrac{1}{n^2}\right)+\cdots+\left[1-\dfrac{(n-1)^2}{n^2}\right]\right\}$$

$$= \dfrac{\pi R^3}{n}\left[n-\dfrac{1+2^2+\cdots+(n-1)^2}{n^2}\right]$$

$$= \frac{\pi R^3}{n} \cdot n \left[1 - \frac{1}{n^2} \cdot \frac{(n-1)(2n-1)}{6} \right]$$

$$= \pi R^3 \left[1 - \frac{\left(1-\frac{1}{n}\right)\left(2-\frac{1}{n}\right)}{6} \right]$$

当 $n \to +\infty$ 时，$\frac{1}{n} \to 0$，故 $V_{\text{半球}} = \frac{2}{3}\pi R^3$，从而 $V_{\text{球}} = \frac{4}{3}\pi R^3$．

■ 拓展 Expansion

还有没有其他方法可以得到体积公式？

如图 1.88 所示，设平行于大圆且与大圆的距离为 l 的平面截半球所得圆面的半径为 r，$r = \sqrt{R^2 - l^2}$，于是截面面积 $S_1 = \pi r^2 = \pi(R^2 - l^2)$，$S_1$ 可以看作在半径为 R 的圆面上挖去一个半径为 l 的同心圆之后所得圆环的面积．

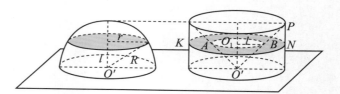

微件　图 1.88 | 球的体积探究（祖暅原理法）

如图 1.88 所示，取一个底面半径为 R 的圆柱，从圆柱中挖去一个以圆柱的上底面为下底面、下底面圆心为顶点的圆锥，把所得的几何体与半球放在同一水平面上．

用任一水平面去截这两个几何体，截面分别为圆面和圆环面．

因为大圆半径为 R，小圆半径为 l，所以圆环面积为 $S_2 = \pi R^2 - \pi l^2 = \pi(R^2 - l^2)$，故 $S_1 = S_2$．

根据祖暅原理，可知这两个几何体的体积相等，即 $\dfrac{1}{2} V_{球} = \pi R^2 \cdot R - \dfrac{1}{3}\pi R^2 \cdot R = \dfrac{2}{3}\pi R^3$，故 $V_{球} = \dfrac{4}{3}\pi R^3$．

2. 球的表面积

因为球面不能展开成平面图形，所以无法利用展开图求出其表面积，那么该如何求球的表面积公式呢？能否利用求球的体积公式的思路求解其表面积公式？

如图1.89所示，类比于球的体积公式推导，我们同样用极限的思想来分析球的表面积．球的表面被分成了 n 个小网格，设其表面积分别为 ΔS_1，ΔS_2，$\cdots$，ΔS_n，故球的表面积 $S = \Delta S_1 + \Delta S_2 + \cdots + \Delta S_n$．

微件　图 1.89｜球的表面积探究

从图1.90中可以看出，分得越细，"小锥体"越接近小棱锥，则球的体积为

$$V=\Delta V_1+\Delta V_2+\cdots+\Delta V_n\approx\frac{1}{3}\Delta S_1R+\frac{1}{3}\Delta S_2R+\cdots+\frac{1}{3}\Delta S_nR=\frac{1}{3}RS=\frac{4}{3}\pi R^3$$

故 $S=4\pi R^2$.

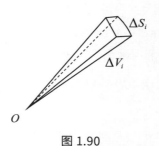

图 1.90

例题 Examples

例1.9 如图1.91所示，圆柱的底面直径与高都等于球的直径. 求证：

（1）球的体积等于圆柱体积的 $\frac{2}{3}$；

（2）球的表面积等于圆柱的侧面积.

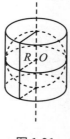

图 1.91

【证明】

（1）设球的半径为 R，则圆柱的底面半径为 R，高为 $2R$.

因为 $V_{球}=\frac{4}{3}\pi R^3$，$V_{圆柱}=\pi R^2\cdot 2R=2\pi R^3$，所以 $V_{球}=\frac{2}{3}V_{圆柱}$.

（2）因为 $S_{球}=4\pi R^2$，$S_{圆柱侧}=2\pi R\cdot 2R=4\pi R^2$，所以 $S_{球}=S_{圆柱侧}$.

1. 一个四棱锥的侧棱长都相等，底面是正方形，其正（主）视图如图所示，则该四棱锥的侧面积是（　　　）.

A. $4\sqrt{3}$ 　　　　B. $4\sqrt{5}$ 　　　　C. $4(\sqrt{5}+1)$ 　　　D. 8

2. 在矩形$ABCD$中，$AB=4$，$BC=3$，沿AC将矩形$ABCD$折起，使面$BAC\perp$面DAC，则四面体$A\text{-}BCD$的外接球的体积为（　　　）.

A. $\dfrac{125}{12}\pi$ 　　　　B. $\dfrac{125}{9}\pi$ 　　　　C. $\dfrac{125}{6}\pi$ 　　　　D. $\dfrac{125}{3}\pi$

3. 如图所示，网格纸上小正方形的边长为1，粗线画出的是某三棱锥的三视图，则该三棱锥的外接球的表面积是（　　　）.

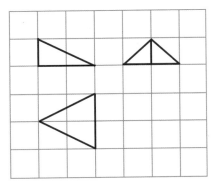

A. 25π 　　　　B. $\dfrac{25}{4}\pi$ 　　　　C. 29π 　　　　D. $\dfrac{29}{4}\pi$

4. 一个几何体的三视图如图所示，其中正视图和侧视图是腰长为1的两个全等的等腰直角三角形. 若该几何体的所有顶点都在同一球面上，则球的表面积是（　　　）.

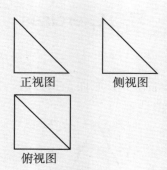

正视图   侧视图

俯视图

A. 3π B. 2π C. π D. $\dfrac{3\pi}{2}$

5. 已知正方体、等边圆柱（轴截面是正方形）、球的体积相等，它们的表面积分别为 $S_正$，$S_柱$，$S_球$，则（   ）.

A. $S_正 < S_球 < S_柱$ B. $S_正 < S_柱 < S_球$

C. $S_球 < S_柱 < S_正$ D. $S_球 < S_正 < S_柱$

6. 若一个空间几何体的三视图如图所示，且已知该几何体的体积为 $\dfrac{\sqrt{3}}{6}\pi$，则其表面积为（   ）.

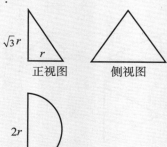

$\sqrt{3}r$ r

正视图   侧视图

$2r$

俯视图

A. $\dfrac{3}{2}\pi + \sqrt{3}$ B. $\dfrac{3}{2}\pi$

C. $\dfrac{3}{4}\pi + 2\sqrt{3}$ D. $\dfrac{3}{4}\pi + \sqrt{3}$

7. 若长方体一个顶点上的三条棱长分别为3，4，5，则长方体外接球的表面积为（　　　）.

A. 40π　　　　　　B. 35π　　　　　　C. 50π　　　　　　D. 60π

8. 已知某几何体的三视图如图所示，三视图的轮廓均为正方形，则该几何体的体积为_____.

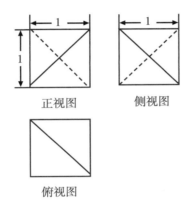

正视图　　　　侧视图

俯视图

9. 若一个长方体的长、宽、高之比为$2：1：3$，全面积为88 cm^2，则它的体积为_____ cm^3.

10. 如图所示，三棱锥P-ABC中，$PA=a$，$AB=AC=2a$，$\angle PAB=\angle PAC=\angle BAC=60°$，求三棱锥$P$-$ABC$的体积.

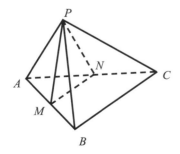

11. 如图所示是某几何体的三视图（单位：cm）.

（1）在这个几何体的直观图相应的位置标出字母A，B，C，D，A_1，B_1，C_1，D_1，P，Q；

（2）求这个几何体的表面积及体积.

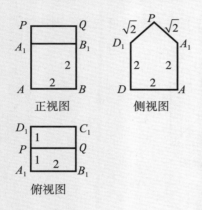

正视图   侧视图

俯视图

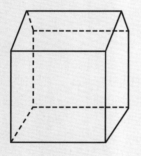

12. 《九章算术》中将底面是直角三角形的直三棱柱称为"堑堵",已知某"堑堵"的三视图如图所示,则该"堑堵"的表面积为多少?

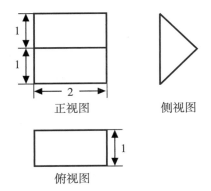

正视图   侧视图

俯视图

Summary

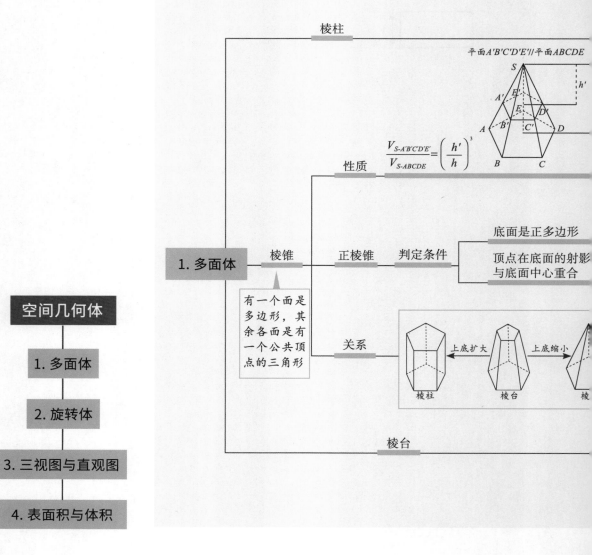

空间几何体

1. 多面体

2. 旋转体

3. 三视图与直观图

4. 表面积与体积

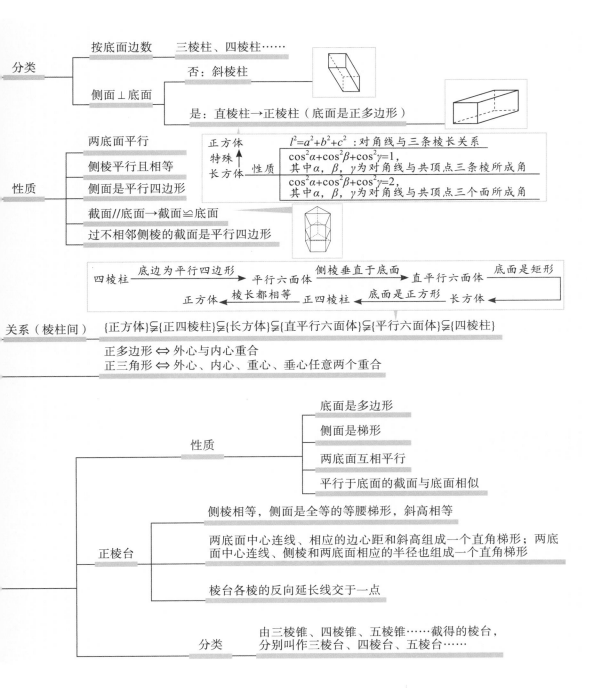

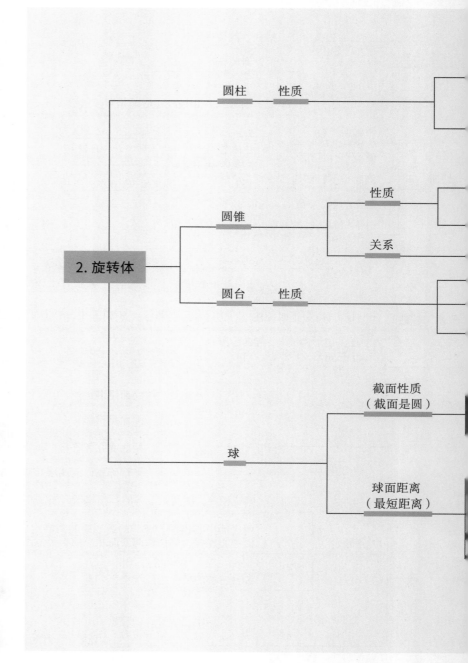

平行于底面的截面是圆　　　　　　平面 $S'/\!/$ 平面 $S \rightarrow$ 截面 S' 是圆

过轴的截面是全等矩形　　　　　　矩形 $ABCD \cong$ 矩形 $A'B'C'D'$

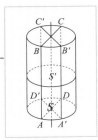

平行于底面的截面是圆

顶点在底面的射影与底面中心重合

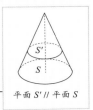

平面 $S'/\!/$ 平面 S

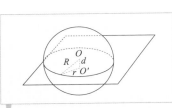

上、下底面平行，为半径不等的圆

侧面展开图为一个扇环

平行于底面的截面是圆，轴截面是等腰梯形

球心与截面圆心的连线垂直截面

$ = \sqrt{R^2 - d^2}$（ r 是截面的半径， R 是球的半径， d 是球心到截面的距离）

义　经过两点的大圆（球面被经过球心的平面截得的圆）在这两点间的一段劣弧的长度

法　计算 AB 直线距离长 $\rightarrow$ 计算球心角（ $\angle AOB$ ）$\rightarrow$ 计算大圆劣弧长（小于半圆）

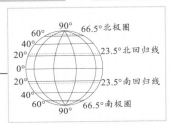

用　地球的经纬线　┬　经度　经线 – 地轴 – 本初子午线 $\rightarrow$ 二面角度数

　　　　　　　　　└　纬度　过点的球半径 – 赤道平面所形成的线面角

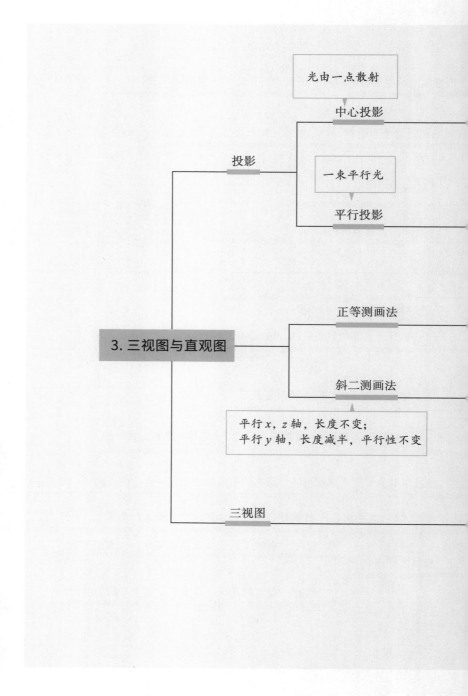

光由一点散射

中心投影

投影

一束平行光

平行投影

3. 三视图与直观图

正等测画法

斜二测画法

平行 x, z 轴，长度不变；
平行 y 轴，长度减半，平行性不变

三视图

空间几何体

1. 多面体

2. 旋转体

3. 三视图与直观图

4. 表面积与体积

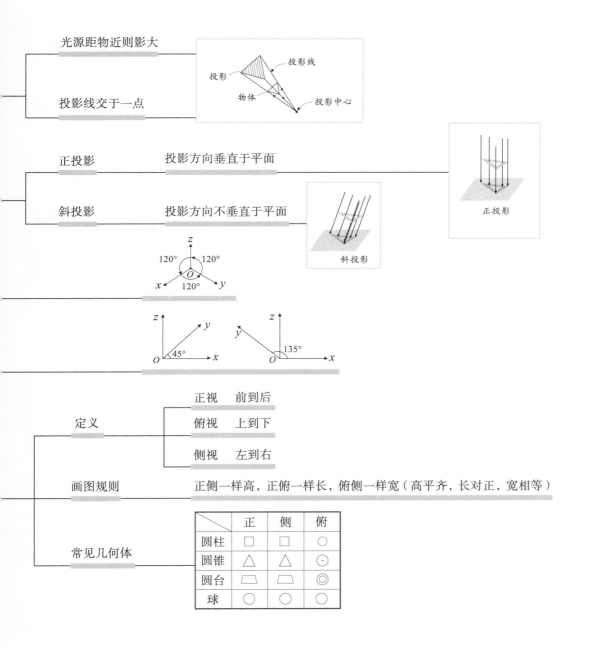

光源距物近则影大

投影线交于一点

正投影　　投影方向垂直于平面

斜投影　　投影方向不垂直于平面

定义　　正视　前到后

　　　　俯视　上到下

　　　　侧视　左到右

画图规则　正侧一样高，正俯一样长，俯侧一样宽（高平齐，长对正，宽相等）

常见几何体

	正	侧	俯
圆柱	□	□	○
圆锥	△	△	⊙
圆台	▱	▱	◎
球	○	○	○

名称		
棱柱	棱柱	
	直棱柱	
棱锥	棱锥	
	正棱锥	
棱台	棱台	
	正棱台	
圆柱		
圆锥		
圆台		
球		

4. 表面积与体积

空间几何体

1. 多面体

2. 旋转体

3. 三视图与直观图

4. 表面积与体积

侧面积（$S_{侧}$）	全面积（$S_{全}$）	体积（V）	备注
直截面周长 $\times l$	$S_{侧}+2S_{底}$	$S_{底} \cdot h = S_{直截面} \cdot l$	l：侧棱长 c：底面周长 h：高
ch		$S_{底} \cdot h$	
各侧面面积之和	$S_{侧}+S_{底}$	$\dfrac{1}{3}S_{底} \cdot h$	c：底面周长 h'：斜高 h：高
$\dfrac{1}{2}ch'$			
各侧面面积之和	$S_{侧}+S_{上底}+S_{下底}$	$\dfrac{1}{3}h\left(S_{上底}+S_{下底}+\sqrt{S_{上底} \cdot S_{下底}}\right)$	c：上底周长 c'：下底周长 h'：斜高
$\dfrac{1}{2}(c+c')h'$			
$2\pi rh$	$2\pi r(r+h)$	$\pi r^2 h$	r：底面半径 l：母线长 h：高
πrl	$\pi r(r+l)$	$\dfrac{1}{3}\pi r^2 h$	
$\pi(r_1+r_2)l$	$\pi(r_1+r_2)l+\pi(r_1^2+r_2^2)$	$\dfrac{1}{3}\pi h(r_1^2+r_1 r_2+r_2^2)$	r_1：上底半径 r_2：下底半径
——	$4\pi R^2$	$\dfrac{4}{3}\pi R^3$	R：半径

一、选择题

1. 如果圆锥的表面积是底面积的3倍，那么该圆锥的侧面展开图扇形的圆心角为（   ）．

A. 120°   B. 150°

C. 180°   D. 240°

2. 如果轴截面为正方形的圆柱的侧面积是4π，那么圆柱的体积等于（   ）．

A. π   B. 2π

C. 4π   D. 8π

3. 如图所示，观察四个几何体，其中判断正确的是（   ）．

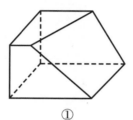

①

②

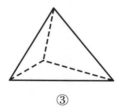

③

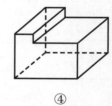

④

A. ①是棱台   B. ②是圆台

C. ③是棱锥   D. ④不是棱柱

4. 将一圆形纸片沿半径剪开为两个扇形，其圆心角之比为 3：4．再将它们卷成两个圆锥侧面，则两圆锥体积之比为（   ）．

A. 3：4   B. 9：16

C. 27：64   D. 都不对

5. 若某三棱锥的三视图如图所示，则该三棱锥的表面积是（   ）.

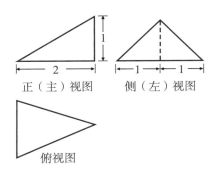

正（主）视图   侧（左）视图

俯视图

A. $2+\sqrt{5}$ B. $4+\sqrt{5}$ C. $2+2\sqrt{5}$ D. 5

6. 若某三棱锥的三视图如图所示，则该三棱锥的体积为（   ）.

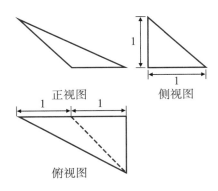

正视图   侧视图

俯视图

A. $\dfrac{1}{6}$ B. $\dfrac{1}{3}$ C. $\dfrac{1}{2}$ D. 1

7. 一个正方体被一个平面截去一部分后，剩余部分的三视图如图所示，则截去部分体积与剩余部分体积的比值为（   ）.

A. $\dfrac{1}{8}$ B. $\dfrac{1}{7}$

C. $\dfrac{1}{6}$ D. $\dfrac{1}{5}$

8. 若一个四棱锥的底面为正方形，其三视图如图所示，则这个四棱锥的体积是（　　　）．

正（主）视图　　　侧（左）视图

俯视图

A. 1　　　　　　B. 2　　　　　　C. 3　　　　　　D. 4

9. 已知 A，B 是球 O 的球面上两点，$\angle AOB=90°$，C 为该球面上的动点．若三棱锥 $O\text{-}ABC$ 体积的最大值为36，则球 O 的表面积为（　　　）．

A. 36π　　　　B. 64π　　　　C. 144π　　　　D. 256π

10. 若长方体一个顶点上的三条棱长为3，4，5，且它的八个顶点都在同一个球面上，则这个球的表面积是（　　　）．

A. $20\sqrt{2}\pi$　　　B. $25\sqrt{2}\pi$　　　C. 50π　　　D. 200π

11. 若体积为8的正方体的顶点都在同一球面上，则该球面的表面积为（　　　）．

A. 12π　　　　　　　　　　B. $\dfrac{32}{3}\pi$

C. 8π　　　　　　　　　　D. 4π

12. 已知底面边长为1、侧棱长为 $\sqrt{2}$ 的正四棱柱的各顶点均在同一球面上，则该球的体积为（　　　）．

A. $\dfrac{32}{3}\pi$　　　　　　　　　　B. 4π

C. 2π　　　　　　　　　　D. $\dfrac{4}{3}\pi$

二、填空题

13. 已知两个圆锥有公共底面，且两个圆锥的顶点和底面的圆周都在同一个球面上．若圆锥底面面积是这个球面面积的3/16，则这两个圆锥中，体积较小者的高与体积较大者的高的比值为_____．

14. 设某几何体的三视图如图所示（尺寸的长度单位为m），则该几何体的体积为_____m³.

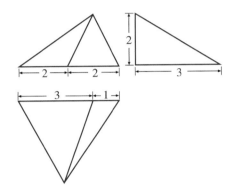

15. 已知OA为球O的半径，过OA的中点M且垂直于OA的平面截球面得到圆M．若圆M的面积为3π，则球O的表面积等于_____．

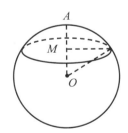

16. 若四面体$ABCD$的三组对棱分别相等，即$AB=CD$，$AC=BD$，$AD=BC$，则_____（写出所有正确结论的编号）．

① 四面体$ABCD$每组对棱相互垂直；

② 四面体$ABCD$每个面的面积相等；

③ 从四面体$ABCD$每个顶点出发的三条棱两两夹角之和大于$90°$而小于$180°$；

④ 连接四面体$ABCD$每组对棱中点的线段互相垂直平分；

⑤ 从四面体$ABCD$每个顶点出发的三条棱的长可作为一个三角形的三边长.

三、解答题

17. 已知某几何体的俯视图是如图所示的矩形，正视图（或称主视图）是一个底边长为8、高为4的等腰三角形，侧视图（或称左视图）是一个底边长为6、高为4的等腰三角形.

（1）求该几何体的体积V；

（2）求该几何体的侧面积S.

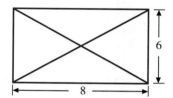

18. 如图所示，已知圆锥的底面半径为$r=10$，点Q为半圆弧$\overarc{AB}$的中点，点P为母线SA的中点. 若PQ与SO所成角为$\dfrac{\pi}{4}$，求此圆锥的表面积与体积.

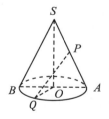

19. 如图所示，一个圆锥的底面半径为2 cm，高为6 cm，其中有一个高为x cm的内接圆柱.

（1）试用x表示圆柱的侧面积；

（2）当x为何值时，圆柱的侧面积最大？

20. 已知几何体$A\text{-}BCDE$的三视图如图所示，其中俯视图和侧视图都是腰长为4的等腰直角三角形，正视图为直角梯形，已知几何体$A\text{-}BCDE$的体积为16.

（1）求实数a的值；

（2）将直角$\triangle ACD$绕斜边AD旋转一周，求该旋转体的表面积.

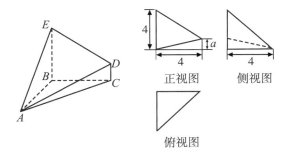

21. 如图所示，长方体$ABCD$-$A_1B_1C_1D_1$中，$AB=16$，$BC=10$，$AA_1=8$，点E，F分别在A_1B_1，D_1C_1上，$A_1E=D_1F=4$．过E，F的平面α与此长方体的面相交，交线围成一个正方形．

（1）在图中画出这个正方形（不必说出画法和理由）；

（2）求平面α把该长方体分成的两部分体积的比值．

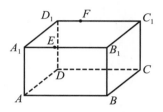

22. 正三棱锥的高为1，底面边长为$2\sqrt{6}$，其内有一个球与它的四个面都相切，求：

（1）棱锥的表面积；

（2）内切球的表面积与体积．

高考考纲

1. 认识柱、锥、台、球及其简单组合体的结构特征，并能运用这些特征描述现实生活中简单物体的结构.

2. 能画出简单空间图形（长方体、球、圆柱、圆锥、棱柱等的简易组合）的三视图，能识别上述三视图所表示的立体模型，会用斜二测法画出它们的直观图.

3. 会用平行投影与中心投影两种方法画出简单空间图形的三视图与直观图，了解空间图形的不同表示形式.

4. 会画某些建筑物的三视图与直观图（在不影响图形特征的基础上，尺寸、线条等不做严格要求）.

5. 了解球、棱柱、棱锥、棱台的表面积和体积的计算公式.

考纲解读

在高考中本章主要分为空间几何体的结构特征、表面积与体积、球、三视图四大块进行考查. 其中空间几何体的结构特征分为柱、锥、旋转体和简单组合体四个模块；对于表面积与体积主要考查对空间几何体表面积与体积的计算；球在高考题中属于难点之一，这里细致地分成五个不同的角度，使同学们更加全面地认识球类题型；对于三视图既可以考查结构特征，也可以考查表面积和体积. 高考题在本章中更多地体现为知识点的相互融合，要求对知识点有整体且准确的把握.

常见题型

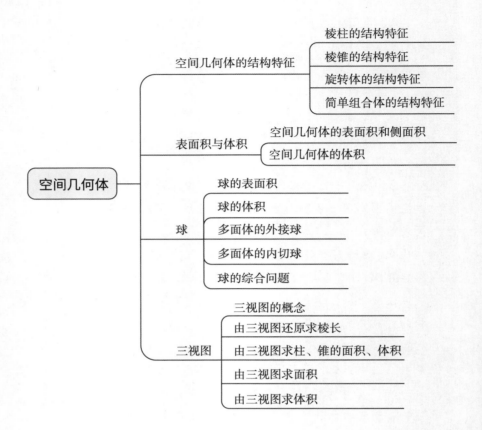

空间几何体

- 空间几何体的结构特征
  - 棱柱的结构特征
  - 棱锥的结构特征
  - 旋转体的结构特征
  - 简单组合体的结构特征
- 表面积与体积
  - 空间几何体的表面积和侧面积
  - 空间几何体的体积
- 球
  - 球的表面积
  - 球的体积
  - 多面体的外接球
  - 多面体的内切球
  - 球的综合问题
- 三视图
  - 三视图的概念
  - 由三视图还原求棱长
  - 由三视图求柱、锥的面积、体积
  - 由三视图求面积
  - 由三视图求体积

第2章

点、直线、平面之间的位置关系

在讲解空间中点、线、面位置关系及相关概念的时候，经常会遇到画图繁琐、位置关系立体感不够等问题，为此我们设计了一款通用的立体几何交互工具（图2.1），利用它我们可以自由地在正方体模型中构建点、线、面，不仅可以更加方便地讲解空间中点、线、面的概念以及位置关系等，其位置关系也更具立体感，大大提升了课堂效率.

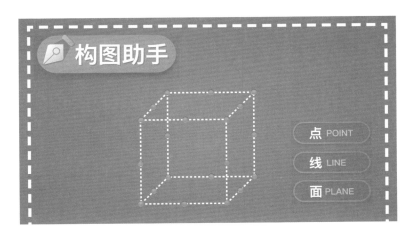

微件　图 2.1 | 构图助手

我决心放弃那个仅仅是抽象的几何. 这就是说，不再去考虑那些仅仅是用来练思想的问题. 我这样做，是为了研究另一种几何，即目的在于解释自然现象的几何.

——笛卡儿

笛卡儿认为研究几何是为了解释自然现象，大多数学者认同数学是一种将现实世界抽象化描述的思维方式. 所以我们不仅仅要学习立体几何的基本概念，更要研究其内在的抽象逻辑.

经过上一章的学习，我们掌握了如何在平面上刻画立体结构，现在我们想要更深层次地探索点、直线、平面之间的位置关系. 观察图2.2，带着以下三个问题开始第2章的学习：

1. 观察图2.2，图中的点、直线、平面有怎样的位置关系呢？

2. 这样的位置关系用数学语言如何描述呢？

3. 又该怎么用严谨的数学逻辑去证明呢？

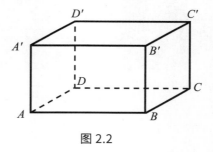

图 2.2

2.1 空间中点、直线、平面之间的位置关系

2.1.1 空间中点、直线、平面之间的位置关系

一条直线有无数个点，可将直线看成点的集合．如图2.3所示，点A在直线l上，记作$A \in l$；点B在直线l外，记作$B \notin l$.

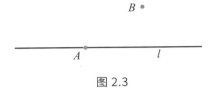

图 2.3

直线、平面都可以看成点的集合，如图2.4所示，点A在平面α内，记作$A \in \alpha$；点B在平面α外，记作$B \notin \alpha$.

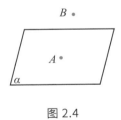

图 2.4

如图2.5所示，如果直线l上的所有点都在平面α内，就说直线l在平面α内，或者说平面α经过直线l，记作$l \subset \alpha$；否则，就说直线l'在平面α外，记作$l' \not\subset \alpha$.

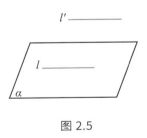

图 2.5

如图2.6所示，在日常生活中，把一支笔边缘的任意两点放到桌面上，可以看到，整支笔的边缘都落在了桌面上．

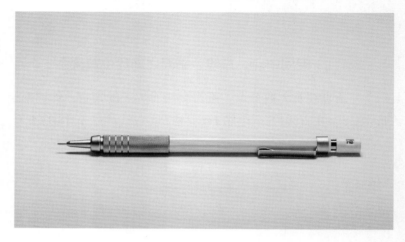

图 2.6

上述经验和类似的事实可以归纳为以下公理：

公理2.1 如果一条直线上的两点在一个平面内，那么这条直线在此平面内（图2.7）．

用符号表示为：$A \in l$，$B \in l$，且 $A \in \alpha$，$B \in \alpha \Rightarrow l \subset \alpha$．

公理2.1可以用来判断直线是否在平面内．

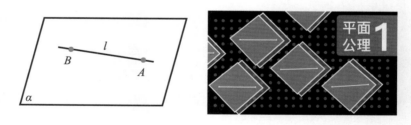

🖐微件　图 2.7｜平面公理2.1

生活中，我们常常可以看到这样的现象：三脚架可以牢固地支撑手机或装饰用的鲜花，如图2.8所示．

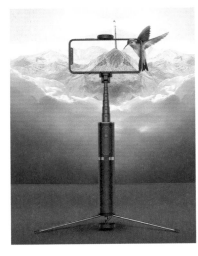

图 2.8

上述事实和类似的经验可以归纳为以下公理:

公理2.2 过不在一条直线上的三点,有且只有一个平面.

由上述公理可以得到如下三个推论:

推论2.1 经过一条直线和这条直线外的一点,有且只有一个平面.

推论2.2 经过两条相交直线,有且只有一个平面.

推论2.3 经过两条平行直线,有且只有一个平面.

公理2.2刻画了平面特有的基本性质,它给出了确定一个平面的依据. 不在一条直线上的三点A,B,C所确定的平面,可以记成"平面ABC",如图2.9所示.

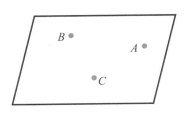

微件 图 2.9 | 平面公理2.2

在如图2.10所示的长方体中，我们发现，两个平面相交于一条直线，这条直线叫作两个平面的交线，如平面$ABB'A'$与平面$B'BCC'$相交于BB'；相邻两个平面有一个公共点，如平面$ABB'A'$与平面$B'BCC'$有一个公共点B，经过点B有且只有一条过该点的公共直线BB'.

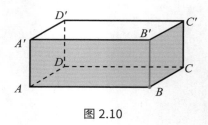

图 2.10

由上面及其他相应事实可以归纳得到以下公理：

公理2.3　如果两个不重合的平面有一个公共点，那么它们有且只有一条过该点的公共直线（图2.11）.

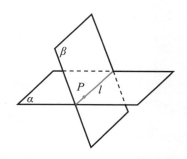

微件　图 2.11 | 平面公理2.3

公理2.3告诉我们，如果两个不重合的平面有一个公共点，那么这两个平面一定相交，且其交线一定过这个公共点. 也就是说，如果两个平面有一个公共点，那么它们必定还有另外一个公共点，只要找出这两个平面的两个公共点，就找出了它们的交线.

平面α与β相交于直线l，记作$\alpha\cap\beta=l$，如图2.11所示. 公理2.3也可以用符号表示为：$P\in\alpha$且$P\in\beta\Rightarrow\alpha\cap\beta=l$，且$P\in l$.

例题 Examples

例2.1 如图2.12所示，用符号表示下列图形中点、直线、平面之间的位置关系.

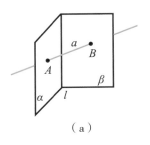
（a）

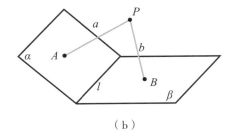
（b）

图 2.12

【分析】

根据图形，先判断点、直线、平面之间的位置关系，然后用符号表示出来.

【解答】

在图2.12（a）中，$\alpha \cap \beta = l$，$a \cap \alpha = A$，$a \cap \beta = B$.

在图2.12（b）中，$a \cap \alpha = A$，$b \cap \beta = B$，$a \cap b = P$，$\alpha \cap \beta = l$.

2.1.2　空间中直线与直线之间的位置关系

1. 直线与直线之间的位置关系

如图2.13所示，地铁扶手和座椅边缘既不相交，也不共面，即它们不同在任何一个平面内；天安门广场上，华表和天安门墙壁既不相交，也不共面，即它们不处在同一平面内.

【思考】

Thinking

在平面几何中，同一平面内的两条直线有几种位置关系？空间中的两条直线呢？

图 2.13

　　我们把不同在任何一个平面内的两条直线叫作异面直线（skew lines）.

　　空间中两直线平行和过去我们学过的平面上两直线平行的意义是一致的，即首先这两条直线在同一平面内，其次它们不相交.

　　为了更好地表示异面直线 m，n 不共面的特点，在作图时，通常用一个或两个平面衬托，如图2.14所示.

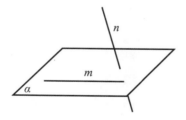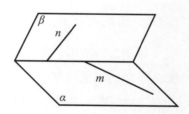

图 2.14

　　空间中两条不重合直线的位置关系有且只有三种，如图2.15所示.

共面直线 {
相交直线：同一平面内，有且只有一个公共点

平行直线：同一平面内，没有公共点
}

异面直线 —— 不同在任何一个平面内，没有公共点

微件　图2.15｜空间中直线与直线的位置关系

如图2.16所示，在长方体$ABCD\text{-}A'B'C'D'$中，$BB'//AA'$，$AA'//DD'$，那么BB'与DD'平行吗？

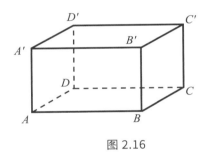

图2.16

由上面及其他相应事实可以归纳得到以下公理：

公理2.4　平行于同一条直线的两条直线互相平行.

如图2.17所示，这个公理表明，空间中平行于一条已知直线的所有直线都互相平行. 它给出了判断空间中两条直线平行的依据.

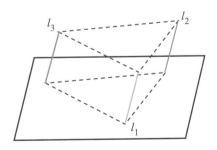

微件　图2.17｜平面公理2.4

公理2.4表述的性质通常叫作空间平行线的传递性.

例题 Examples

例2.2 如图2.18所示，空间四面体ABCD中，E，F，G，H分别是AB，BC，CD，DA的中点，AC=BD，证明四边形EFGH是菱形.

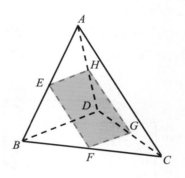

图2.18

【解答】

因为EH是△ABD的中位线，所以EH//BD，$EH=\dfrac{1}{2}BD$.

同理，FG//BD，且$FG=\dfrac{1}{2}BD$.

因为EH//FG，且EH=FG，所以四边形EFGH为平行四边形.

又因为E，F，G，H分别是AB，BC，CD，DA的中点，所以$EF=\dfrac{1}{2}AC$.

又因为$EH=\dfrac{1}{2}BD$，AC=BD，故EF=EH，因此四边形EFGH为菱形.

观察图2.19，在平行六面体ABCD-A'B'C'D'中，∠ABC与∠A'B'C'的两边分别对应平行，∠ABC与∠A'D'C'的两边分别对应平行，分析这两组角的大小关系.

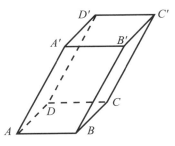

🖐 微件　图2.19 | 等角定理

从图2.19中可以看出，$\angle ABC = \angle A'B'C'$，$\angle ABC + \angle A'D'C' = 180°$.

由上面及其他相应事实可以归纳得到以下定理：

定理2.1　空间中如果两个角的两边分别对应平行，那么这两个角相等或互补.

例题 Examples

例2.3　如图2.20所示，已知正方体$ABCD\text{-}A'B'C'D'$.

（1）哪些棱所在直线与直线AB'是异面直线？

（2）直线AB'和直线CD的夹角是多少？

（3）哪些棱所在直线与直线AB垂直？

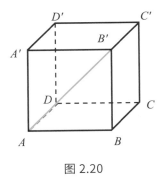

图 2.20

【解答】

（1）由异面直线的定义可知，棱BC，DC，CC'，DD'，$D'C'$，$A'D'$所在直线分别与直线AB'是异面直线.

（2）由$AB // CD$可知，$\angle B'AB$为异面直线AB'与CD的夹角，

$\angle B'AB=45°$，所以直线AB'和CD的夹角是$45°$．

（3）棱AA'，BB'，CC'，DD'，BC，AD，$A'D'$，$B'C'$所在直线分别与直线AB垂直．

2. 异面直线所成的角

平面内两条直线相交成四个角，其中不大于$90°$的角称为它们的夹角．夹角刻画了一条直线相对于另一条直线倾斜的程度．两条异面直线也存在类似问题，为此我们引入"异面直线所成的角"的概念．

如图2.21所示，已知两条异面直线a，b，经过空间任一点O作直线$a'//a$，$b'//b$，我们把a'与b'所成的锐角（或直角）叫作异面直线a与b所成的角（或夹角）．

通常点O取在两条异面直线中的一条上．例如取在直线b上，然后经过点O作直线$a'//a$，a'和b所成的锐角（或直角）就是异面直线a，b所成的角．

如果两条异面直线所成的角是直角，那么我们就说这两条直线互相垂直．两条互相垂直的异面直线a，b可记作$a \perp b$．

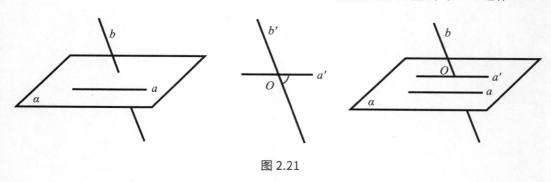

图 2.21

例题 Examples

例2.4 如图2.22所示，在直四棱柱$ABCD\text{-}A_1B_1C_1D_1$中，底面为正方形$ABCD$，$AA_1=2AB$，则异面直线A_1B与AD_1所成

角的余弦值为多少？

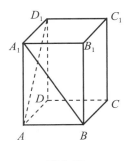

图 2.22

【分析】

根据长方体相对的平面上的两条对角线平行，得到两条异面直线所成的角，这个角在一个可以求出三边的三角形中，利用余弦定理即可得到结果.

【解答】

如图 2.23 所示，连接 BC_1，A_1C_1，则 $BC_1//AD_1$，故 $\angle A_1BC_1$ 是两条异面直线所成的角.

在直角 $\triangle A_1AB$ 中，由 $AA_1=2AB$，得到 $A_1B=\sqrt{5}AB$.

在直角 $\triangle BCC_1$ 中，因为 $CC_1=AA_1$，$BC=AB$，所以 $C_1B=\sqrt{5}AB$.

在直角 $\triangle A_1B_1C_1$ 中，因为 $A_1C_1=\sqrt{2}AB$，所以

$$\cos\angle A_1BC_1=\frac{5AB^2+5AB^2-2AB^2}{2\times\sqrt{5}\times\sqrt{5}AB^2}=\frac{4}{5}$$

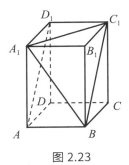

图 2.23

2.1.3 空间中直线与平面之间的位置关系

如图2.24所示，线段$A'B$所在直线与长方体$ABCD$-$A'B'C'D'$的六个面所在平面有几种位置关系？

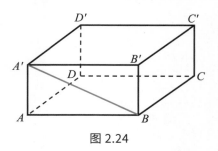

图 2.24

我们知道，如果一条直线和一个平面有两个公共点，那么这条直线就在这个平面内，如图2.25（a）所示．在空间中，一条直线和一个平面的位置关系，除了直线在平面内之外，还有其他两种情况：

直线l和平面α只有一个公共点A，叫作直线与平面相交，这个公共点叫作直线与平面的交点，如图2.25（b）所示，并记作$l\bigcap\alpha=A$.

直线l与平面α没有公共点，叫作直线与平面平行，并记作$l//\alpha$，如图2.25（c）所示.

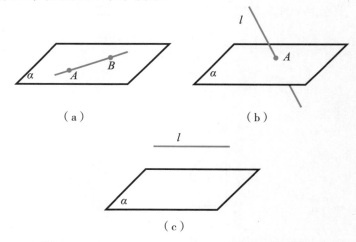

（a）　　　　　　　　　（b）

（c）

微件　图 2.25│空间中直线与平面之间的位置关系

由以上分析可知，如果直线不在平面内，则直线与平面的位置关系不是平行就是相交.

2.1.4 空间中平面与平面之间的位置关系

如图2.26所示，围成长方体$ABCD\text{-}A'B'C'D'$的六个面，两两之间的位置关系有几种?

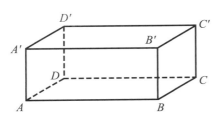

图2.26

通过生活实例以及对长方体模型的观察可以看出，两个平面之间的位置关系有且只有两种（如图2.27所示）：

（1）两个平面平行——没有公共点；

（2）两个平面相交——有一条公共直线.

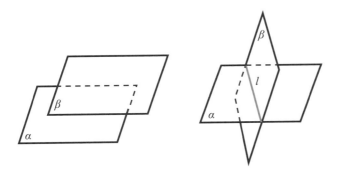

微件 图2.27 | 空间中平面与平面之间的位置关系

平面α与平面β平行，记作$\alpha//\beta$.

平面α与平面β相交于直线l，记作$\alpha\cap\beta=l$.

习题 Exercises

1. 下列命题中，不是公理的为（　　　）.

A. 平行于同一条直线的两条直线平行

B. 如果一条直线上的两点在一个平面内，那么这条直线在此平面内

C. 如果两个不重合的平面有一个公共点，那么它们有且只有一条过该点的公共直线

D. 如果两个角的两边分别平行，则这两个角相等或互补

2. 若一条直线与两条平行线中的一条成为异面直线，则它与另一条（　　　）.

A. 相交   B. 异面

C. 相交或异面   D. 平行

3. 已知直线 $m \not\subset$ 平面 α，直线 $n \subset$ 平面 α，且点 $A \in$ 直线 m，点 $A \in$ 平面 α，则直线 m，n 的位置关系不可能是（　　　）.

A. 垂直   B. 相交

C. 异面   D. 平行

4. 下列四个命题中，正确的是（　　　）.

A. 两两相交的三条直线必在同一平面内

B. 若四点不共面，则其中任意三点都不共线

C. 在空间中，四边相等的四边形是菱形

D. 在空间中，有三个角为直角的四边形是矩形

5. 若两等角的一组对应边平行，则（　　　）.

A. 另一组对应边也平行   B. 另一组对应边不平行

C. 另一组对应边不可能垂直   D. 以上都不对

6. 若空间中三条不同的直线 l_1，l_2，l_3 满足 $l_1 \perp l_2$，$l_2 /\!/ l_3$，则下列结论一定正确的是（　　）.

A. $l_1 \perp l_3$　　　　　　　　　　　　B. $l_1 /\!/ l_3$

C. l_1，l_3 既不平行也不垂直　　　　D. l_1，l_3 相交且垂直

7. 下图是正方体的平面展开图，其中直线 AB 与 CD 在原正方体中所成角的大小是_____.

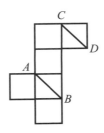

8. 如图所示，在直三棱柱 $ABC\text{-}A_1B_1C_1$ 中，$\angle ACB = 90°$，$AA_1 = 2$，$AC = BC = 1$，则异面直线 A_1B 与 AC 所成角的余弦值是_____.

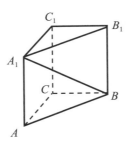

9. 求证：若不交于同一个点的四条直线两两相交，则这四条直线共面.

10. 已知长方体 $ABCD\text{-}A_1B_1C_1D_1$ 中，M，N 分别是 BB_1 和 BC 的中点，$AB = 4$，$AD = 2$，$BB_1 = 2\sqrt{15}$，求异面直线 B_1D 与 MN 所成角的余弦值.

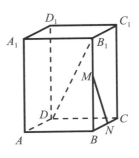

11. 如图所示，棱长为a的正方体$ABCD$-$A_1B_1C_1D_1$中，E，F分别是B_1C_1，C_1D_1的中点.

（1）求证：E，F，B，D四点共面；

（2）求四边形$EFDB$的面积.

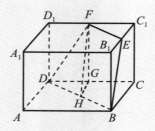

2.2　平行关系

2.2.1　平行关系的判定

1. 直线与平面平行的判定

直线与平面的位置关系中，平行是一种非常重要的关系，它不仅应用广泛，而且是学习平面与平面平行的基础.

判定直线与平面是否平行，只需判定直线与平面有没有公共点. 但由于直线和平面都是无限延伸的，如何保证直线与平面没有公共点呢？

如图2.28所示，日常生活中，教室里的日光灯管和桌面、操场上的双杠和操场地面等都没有公共点，这些常见的生活现象均给人以平行的印象.

图 2.28

如图2.29所示，观察AB所在直线与门所在面有怎样的位置关系.

图 2.29

【思考】
Thinking

　　如果一条直线 m 在平面 α 内（即 $m \subset \alpha$），一条与 m 平行的动直线 l 沿着一个方向平移（保持与 m 平行），当直线 l 离开平面到任意一个位置时，直线 l 不可能与直线 m 相交. 同样地，直线 l 也不会和平面 α 相交.

　　我们可以用反证法予以解释. 如果直线 l 和平面 α 相交，则 l 和 α 一定有公共点，可设 $l \cap \alpha = P$，如图2.30所示. 再设 l 与 m 确定的平面为 β，则依据公理2.3，可知点 P 一定在平面 α 与平面 β 的交线 m 上，于是 l 和 m 相交，这和 $l /\!/ m$ 矛盾.

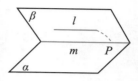

　　微件　图 2.30 | 线面平行判定定理

　　根据上述过程，我们可以归纳出直线与平面平行的判定定理：

　　定理2.2　如果不在一个平面内的一条直线和平面内的一条直线平行，那么这条直线和这个平面平行.

　　上述定理通常称为直线与平面平行的判定定理，它可以用符号表示为：$a \not\subset \alpha$，$b \subset \alpha$，且 $a /\!/ b \Rightarrow a /\!/ \alpha$.

例题 Examples

　　例2.5　如图2.31所示，在长方体 $ABCD\text{-}A'B'C'D'$ 中.

（1）与 AB 平行的平面有 _____；

（2）与 AA' 平行的平面有 _____；

（3）与 AD 平行的平面有 _____.

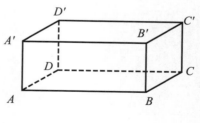

图 2.31

【解答】

（1）面$A'B'C'D'$，面$CC'D'D$；

（2）面$DD'C'C$，面$BB'C'C$；

（3）面$A'B'C'D'$，面$BB'C'C$.

例2.6 如图2.32所示，在正方体$ABCD$-$A_1B_1C_1D_1$中，E为DD_1的中点，试判断BD_1与平面AEC的位置关系，并说明理由.

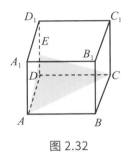

图2.32

【解答】

BD_1//平面AEC.

如图2.33所示，连接BD和AC交于点O，连接EO.

因为底面是正方形，所以O是AC，BD的中点.

又因为E为DD_1的中点，所以在$\text{Rt}\triangle BDD_1$中，EO//BD_1.

因为$EO \subset$平面AEC，$BD_1 \not\subset$平面AEC，EO//BD_1，所以BD_1//平面AEC.

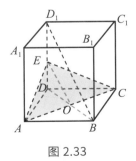

图2.33

例2.7 能保证直线与平面平行的条件是（　　　）．

A. 直线与平面内的一条直线平行

B. 直线与平面内的某条直线不相交

C. 直线与平面内的无数条直线平行

D. 直线与平面内的所有直线不相交

【分析】

根据直线和平面平行的判定定理以及直线和平面平行的定义，研究由各个选项能否推出直线和平面平行，从而得出结论．

【解答】

A不正确，因为由直线与平面内的一条直线平行，不能推出直线与平面平行，直线有可能在平面内．

B不正确，因为由直线与平面内的某条直线不相交，不能推出直线与平面平行，直线有可能在平面内，也可能和平面相交．

C不正确，因为由直线与平面内的无数条直线平行，不能推出直线与平面平行，直线有可能在平面内．

D正确，因为由直线与平面内的所有直线不相交，依据直线和平面平行的定义可得直线与平面平行．

故选D．

例2.8 如图2.34所示，O是长方体$ABCD\text{-}A_1B_1C_1D_1$的底面对角线AC与BD的交点，求证：$B_1O/\!/$平面A_1C_1D．

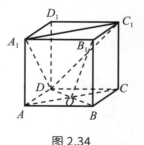

图2.34

【分析】

先证明$B_1O/\!/O_1D$，再利用线面平行的判定定理，即可证得结论.

【解答】

如图2.35所示，连接B_1D_1交A_1C_1于O_1，连接DO_1.

在四边形BB_1D_1D中，$B_1B\stackrel{/\!/}{=}D_1D$.

所以四边形BB_1D_1D是平行四边形.

所以$D_1B_1/\!/DB$，故$O_1B_1/\!/DO$.

因为$O_1B_1/\!/DO$，$O_1B_1=DO$，所以O_1B_1OD为平行四边形，故$B_1O/\!/O_1D$.

因为$B_1O\not\subset$平面A_1C_1D，$O_1D\subset$平面A_1C_1D，所以$B_1O/\!/$平面A_1C_1D.

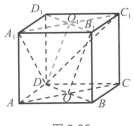

图 2.35

2. 平面与平面平行的判定

图2.36所示是生活中常见的书架，书架格子上、下面之间存在什么样的位置关系？

图 2.36

根据定义可知，判定平面与平面平行的关键在于判定它们有没有公共点．若一个平面内的所有直线都与另一个平面平行，那么这两个平面一定平行．否则，这两个平面就会有公共点，这样在一个平面内通过这个公共点的直线就不平行于另一个平面了．

综上所述，两个平面平行的问题可转化为一个平面内的直线与另一个平面平行的问题，如图2.37所示．实际上，判定两个平面平行不需要判定一个平面内的所有直线都平行于另一个平面．

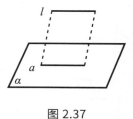

图 2.37

平面β内有一条直线与平面α平行，α和β是否平行？如果有两条呢？如图2.38所示．

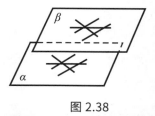

图 2.38

若平面β内有一条直线与平面α平行，如图2.39所示，借助长方体模型，可以看出，平面$A'ADD'$中直线$A'A$//平面$DCC'D'$，但平面$A'ADD'$与平面$DCC'D'$相交．

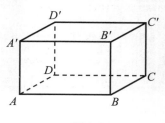

图 2.39

若平面β内有两条直线与平面α平行，分两种情况：

（1）如果平面内的两条直线是平行直线.

如图2.40所示，在平面$A'ADD'$内有一条与$A'A$平行的直线EF，显然，$A'A$与EF都平行于平面$DCC'D'$，但这两条平行直线所在的平面$A'ADD'$与平面$DCC'D'$相交. 此时，两平面不平行.

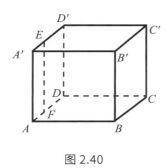

图2.40

（2）如果平面内的两条直线是相交直线.

如图2.41所示，平面$ABCD$内两条相交直线AC，BD分别与平面$A'B'C'D'$内两条相交直线$A'C'$，$B'D'$平行，由直线与平面平行的判定定理可知，这两条相交直线AC，BD都与平面$A'B'C'D'$平行. 此时，平面$ABCD$平行于平面$A'B'C'D'$.

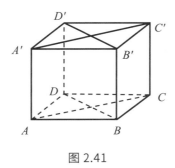

图2.41

如图2.42所示，一般地，我们有如下判定平面与平面平行的定理：

定理2.3 若一个平面内的两条相交直线与另一个平面平行，则这两个平面平行.

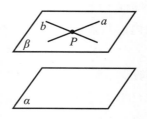

上述定理通常称为平面与平面平行的判定定理，它告诉我们，可以由直线与平面平行判定平面与平面平行．

平面与平面平行的判定定理可以用符号表示为：$a \subset \beta$，$b \subset \beta$，$a \cap b = P$，$a // \alpha$，$b // \alpha \Rightarrow \beta // \alpha$．

例题 Examples

例2.9　如图2.43所示，在三棱锥$S\text{-}ABC$中，$AB \perp BC$，$AS=AB$，过A作$AF \perp SB$，垂足为F，点E，G分别是棱SA，SC的中点．求证：平面$EFG //$平面ABC．

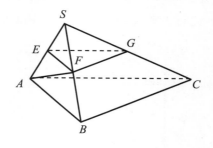

图 2.43

【分析】

由三角形中位线性质可得$EF // AB$，从而$EF //$平面ABC，同理：$FG //$平面ABC，由此能证明平面$EFG //$平面ABC．

【解答】

因为$AS=AB$，$AF \perp SB$，所以F是SB的中点.

因为E，F分别是SA，SB的中点，所以$EF//AB$.

又因为$EF \not\subset$平面ABC，$AB \subset$平面ABC，所以$EF//$平面ABC.

同理：$FG//$平面ABC.

又因为$EF \bigcap FG=F$，EF，$FG \subset$平面EFG，所以平面$EFG//$平面ABC.

例2.10 如图2.44（a）所示，在正方体$ABCD\text{-}A_1B_1C_1D_1$中，M，N，E，F分别是棱A_1B_1，A_1D_1，B_1C_1，C_1D_1的中点. 求证：平面$AMN//$平面$EFDB$.

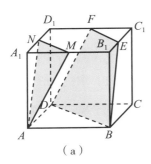 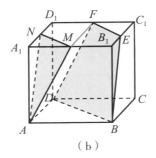

图 2.44

【解答】

如图2.44（b）所示，因为在正方体中，M，N，E，F分别是棱A_1B_1，A_1D_1，B_1C_1，C_1D_1的中点，所以$MN//EF$，连接MF.

因为M，F分别是A_1B_1，C_1D_1的中点，所以$MF//AD$且$MF=AD$，故四边形$ADFM$是平行四边形.

因此$AM//DF$，$AM \bigcap MN=M$，$AM//$平面$EFDB$，$MN//$平面$EFDB$，$AM \subset$平面AMN，$MN \subset$平面AMN.

故平面$AMN//$平面$EFDB$.

2.2.2　平行关系的性质

1. 直线与平面平行的性质

如图2.45所示，由直线与平面平行的定义知，如果一条直线a与平面α平行，那么a与α无公共点，即a上的点都不在α内，α内的任何直线与a都无公共点．这样，平面α内的直线与平面α外的直线a只能是异面或平行．那么，在什么条件下，平面α内的直线与直线a平行呢？

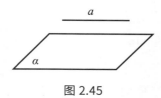

图 2.45

猜测：由于a与平面α内的任何直线都无公共点，所以过直线a的某一平面若与平面α相交，则直线a就平行于这条交线．

如图2.46所示，$a//\alpha$，$a\subset\beta$，$\alpha\cap\beta=b$，求证$a//b$．

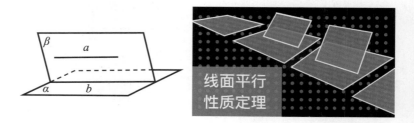

微件　图 2.46｜线面平行性质定理

证明：因为$\alpha\cap\beta=b$，所以$b\subset\alpha$．

又因为$a//\alpha$，所以a与b无公共点．

又因为$a\subset\beta$，$b\subset\beta$，所以$a//b$．

这样，我们得到直线与平面平行的性质定理：

定理2.4　若一条直线与一个平面平行，则过这条直线的任一平面和此平面的交线与该直线平行．

直线与平面平行的判定定理是由平面外一条直线与平面内一条直线平行得到直线与平面平行，直线与平面平行的性质定理是由直线与平面平行得到直线与直线平行，这种直线与平面的位置关系同直线与直线的位置关系的相互转化是立体几何的一种重要的思想方法.

例题 Examples

例2.11 a，b，c为三条不重合的直线，α，β，γ为三个不重合的平面，现给出六个命题. 其中正确的命题是（ ）.

①$\begin{cases} a//c \\ b//c \end{cases} \Rightarrow a//b$ ②$\begin{cases} a//\gamma \\ b//\gamma \end{cases} \Rightarrow a//b$ ③$\begin{cases} a//c \\ \beta//c \end{cases} \Rightarrow \alpha//\beta$

④$\begin{cases} \alpha//\gamma \\ \beta//\gamma \end{cases} \Rightarrow \alpha//\beta$ ⑤$\begin{cases} \alpha//c \\ a//c \end{cases} \Rightarrow \alpha//a$ ⑥$\begin{cases} \alpha//\gamma \\ a//\gamma \end{cases} \Rightarrow \alpha//a$

A. ①②③   B. ①④⑤
C. ①④   D. ①③④

【分析】

根据平行公理可知①的真假；根据面面平行的判定定理可知④的真假；对于②，错在 a，b 可能相交或异面；对于③，错在 α 与 β 可能相交；对于⑤⑥，错在 a 可能在 α 内.

【解答】

根据平行公理可知①正确；

根据面面平行的判定定理可知④正确；

对于②，错在 a，b 可能相交或异面；

对于③，错在 α 与 β 可能相交；

对于⑤⑥，错在 a 可能在 α 内.

故选C.

例2.12 如图2.47所示，P 是平行四边形 $ABCD$ 所在平面外的一点，M 是 PC 的中点，在 DM 上取一点 G，过 G 和 AP 作平面，交平面 BDM 于 GH. 求证：$AP//GH$.

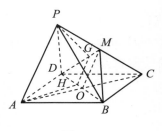

图 2.47

【分析】

先通过线面平行判定定理证明$AP/\!/$面BDM，再通过线面平行性质定理证明$AP/\!/GH$.

【解答】

因为四边形$ABCD$是平行四边形，所以O是AC的中点.

又因为M是PC的中点，所以$AP/\!/OM$.

因为$AP\not\subset$平面BDM，$OM\subset$平面BDM，所以$AP/\!/$平面BDM.

又因为平面$PAHG\bigcap$平面$BDM=GH$，$AP\subset$平面$PAHG$，所以$AP/\!/GH$.

2. 平面与平面平行的性质

借助长方体模型，如图2.48所示，$B'D'$所在的平面$A'C'$与平面AC平行，所以$B'D'$与平面AC没有公共点，因此直线$B'D'$与平面AC内的所有直线要么是异面直线，要么是平行直线.

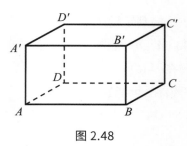

图 2.48

平面AC内哪些直线与$B'D'$平行呢？如何找到它们呢？实际上，平面AC内的直线只要与直线$B'D'$共面就可以了.

如图2.49所示，已知α，β，γ平面满足$\alpha//\beta$，$\alpha\cap\gamma=a$，$\beta\cap\gamma=b$，求证：$a//b$.

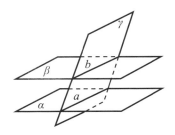

微件　图2.49│面面平行性质定理

证明：因为$\alpha\cap\gamma=a$，$\beta\cap\gamma=b$，所以$a\subset\alpha$，$b\subset\beta$. 又因为$\alpha//\beta$，所以a，b没有公共点. 又因为a，b同在平面γ内，所以$a//b$.

我们把这个结论作为两个平面平行的性质定理：

定理2.5　如果两个平行平面同时和第三个平面相交，那么它们的交线平行.

由上述定理可知，可以由平面与平面平行得出直线与直线平行.

例题 Examples

例2.13　如图2.50所示，P为四边形$ABCD$所在平面外一点，M，N分别为AB，PC的中点，平面PAD交平面PBC于直线l.

（1）判断BC与l的位置关系，并证明你的结论；

（2）判断MN与平面PAD的位置关系，并证明你的结论.

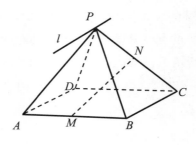

图 2.50

【分析】

本题主要考查平行关系，解题思路是运用性质定理和判定定理，先探索出问题的结论再去证明.

【解答】

（1）$BC//l$.

证明如下：

因为$AD//BC$，$CB \not\subset$平面PAD，$AD \subset$平面PAD，所以$BC//$平面PAD.

又因为$BC \subset$平面PBC，平面$PAD \bigcap$平面$PBC = l$，所以$BC//l$.

（2）如图2.51所示，$MN//$平面PAD.

证明如下：

取CD的中点Q，连接NQ，MQ.

因为N，Q分别为CP和CD的中点，所以$NQ//PD$，M，Q分别为AB和CD的中点，所以$MQ//AD$.

因为NQ交MQ于点Q，NQ，$MQ \subset$平面MNQ，PD交AD于点D，PD，$AD \subset$平面PAD，所以平面$MNQ//$平面PAD.

又因为$MN \subset$平面MNQ，所以$MN//$平面PAD.

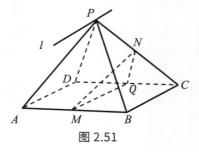

图 2.51

通过讨论可知，由直线与直线平行可以判定直线与平面平行，由直线与平面平行可以判定平面与平面平行；而由平面与平面平行的定义及性质定理可以得出直线与平面平行、直线与直线平行．这进一步揭示出直线与直线、直线与平面、平面与平面之间的平行关系可以相互转化，如图2.52所示．

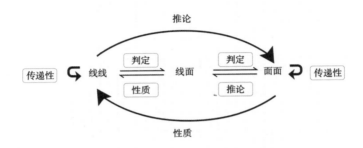

微件　图 2.52｜直线、平面之间的平行位置关系

习题 Exercises

1. 如图所示为各棱长均为1的正三棱柱$ABC\text{-}A_1B_1C_1$，M，N分别为线段A_1B，B_1C上的动点，且MN//平面ACC_1A_1，则这样的MN有（　　　）．

A. 1条　　　　　B. 2条　　　　　C. 3条　　　　　D. 无数条

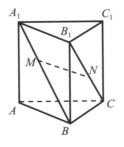

2. 如图所示，在下列四个正方体中，A，B为正方体的两个顶点，M，N，Q为所在棱的中点，则在这四个正方体中，直线AB与平面MNQ不平行的是（　　　）．

A.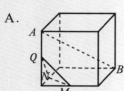

B.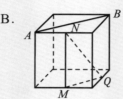

C.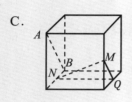

D.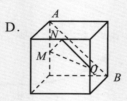

3. 如图所示，在正方体$ABCD$-$A_1B_1C_1D_1$中，O为底面$ABCD$的中心，P是DD_1的中点，设Q是CC_1上的点，当点Q在（　　　）位置时，平面D_1BQ//平面PAO.

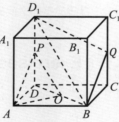

A. Q与C重合

B. Q与C_1重合

C. Q为CC_1的三等分点

D. Q为CC_1的中点

4. 在正方体$ABCD$-$A_1B_1C_1D_1$中，E为DD_1的中点，则下列直线中与平面ACE平行的是（　　　）．

A. BA_1　　　　B. BD_1　　　　C. BC_1　　　　D. BB_1

5. 如图所示，在四棱锥P-$ABCD$中，M，N分别为AC，PC上的点，且MN//平面PAD，则（　　　）．

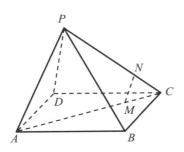

A. *MN//PD*　　　B. *MN//PA*　　C. *MN//AD*　　D. 以上均有可能

6. 下列四个正方体图形中，A，B，C均为正方体所在棱的中点，则能得出平面ABC//平面DEF的是（　　　）.

A. 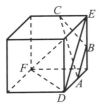　　　　B.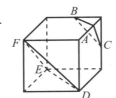

C. 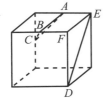　　　　D.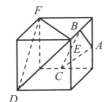

7. 已知两个不重合的平面α和β，下面给出四个条件：

① α内有无穷多条直线均与平面β平行；

② 平面α，β均与平面γ平行；

③ 平面α，β与平面γ都相交，且其交线平行；

④ 平面α，β与直线l所成的角相等.

其中能推出α//β的是_____.

8. 已知直线l，m和平面α，β，下列条件能得到α//β的有_____.

① l 与 m 相交，$l \subset \alpha$，$m \subset \alpha$ 且 $l // \beta$，$m // \beta$；

② $l \subset \alpha$，$m \subset \beta$ 且 $l // m$；

③ $l // \alpha$，$m // \beta$ 且 $l // m$.

9. 如图所示，已知 P 是平行四边形 $ABCD$ 所在平面外一点，点 M，N 分别是 AB，PC 的中点，求证：$MN //$ 平面 PAD.

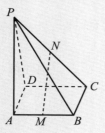

10. 已知长方体 $ABCD$-$A_1B_1C_1D_1$ 的高为 $\sqrt{2}$，两个底面均是边长为1的正方形.

（1）求证：$BD //$ 平面 $A_1B_1C_1D_1$；

（2）求异面直线 A_1C 与 AD 所成角的大小.

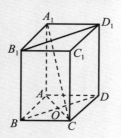

11. 如图所示，在三棱柱 ABC-$A_1B_1C_1$ 中，点 E，D 分别是 B_1C_1 与 BC 的中点. 求证：平面 $A_1EB //$ 平面 ADC_1.

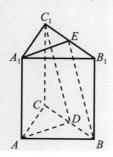

2.3 垂直关系

2.3.1 垂直关系的判定

1. 直线与平面垂直的判定

如图2.53所示，旗杆与地面的位置关系，桥柱与水平面的位置关系都给我们以直线与平面垂直的形象.

微件　图2.53｜线面垂直

如果直线l与平面α内的任意一条直线都垂直，我们就说直线l与平面α互相垂直，记作$l \perp \alpha$. 直线l叫作平面α的垂线，平面α叫作直线l的垂面. 直线与平面垂直时，它们唯一的公共点P叫作垂足.

画直线与平面垂直时，通常把直线画成与表示平面的平行四边形的一边垂直，如图2.54所示.

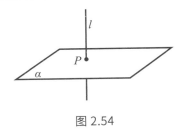

图2.54

【思考】
Thinking

除定义外，如何判断一条直线与一个平面垂直呢？

图2.55所示为一张三角形纸片，过△ABC的顶点A翻折纸片，得到折痕AD，将翻折后的纸片竖起放置在桌面上（BD，DC与桌面接触），如何翻折才能使折痕AD与桌面所在平面α垂直？

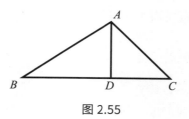

图 2.55

如图2.56所示，容易发现，当且仅当折痕AD是BC边上的高时，AD所在直线与桌面所在平面α垂直.

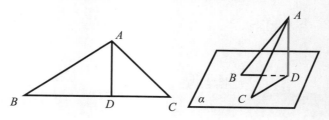

微件　图 2.56 | 线面垂直判定定理

折痕AD所在直线与桌面所在平面α上的一条直线垂直，是否可以判断AD⊥平面α？

通过上述探究，我们有判定直线与平面垂直的定理如下：

定理2.6　若一条直线与一个平面内的两条相交直线都垂直，则该直线与此平面垂直.

此定理体现了"直线与平面垂直"与"直线与直线垂直"互相转化的数学思想.

例2.14 如图2.57所示，已知三棱锥$P\text{-}ABC$中，平面$PAB\perp$平面ABC，平面$PAC\perp$平面ABC. 求证：$PA\perp$平面ABC.

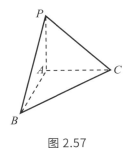

图 2.57

【分析】

在平面ABC内取一点D，作$DF\perp AC$于F，$DG\perp AB$于G，证明$DF\perp PA$，$DG\perp PA$，利用线面垂直的判定，可得$PA\perp$平面ABC.

【解答】

如图2.58所示，在平面ABC内取一点D，作$DF\perp AC$于F.

因为平面$PAC\perp$平面ABC，且交线为AC，所以$DF\perp$平面PAC.

又$PA\subset$平面PAC，故$DF\perp PA$.

作$DG\perp AB$于G，同理可证：$DG\perp PA$.

因为DG，DF都在平面ABC内且$DG\bigcap DF=D$，所以$PA\perp$平面ABC.

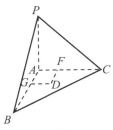

图 2.58

2. 直线与平面所成的角

如图2.59所示，一条直线PA和一个平面α相交，但不和这个平面垂直，这条直线叫作这个平面的斜线，斜线与平面的交点A叫作斜足．过斜线上斜足以外的一点向平面引垂线PO，过垂足O和斜足A的直线AO叫作斜线在这个平面上的射影．斜线和它在平面上的射影所成的锐角，叫作这条直线和这个平面所成的角．

若一条直线垂直于平面，则我们说它们所成的角是直角；若一条直线和平面平行，或在平面内，则我们说它们所成的角是0°．

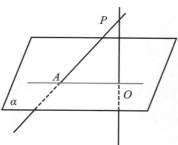

微件　图 2.59│直线与平面所成的角

例题 Examples

例2.15　如图2.60（a）所示，四边形ABCD是一个直角梯形，∠ABC=∠BAD=90°，E为BC边上一点，AE，BD相交于O，AD=EC=3，BE=1，AB=$\sqrt{3}$．将△ABE沿AE折起，使平面ABE⊥平面ADE，连接BC，BD，得到如图2.60（b）所示的四棱锥B-AECD．

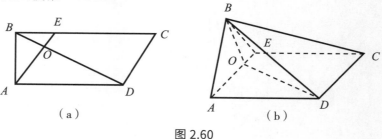

（a）　　　　　　　（b）

图 2.60

（1）求证：$CD \perp$ 平面BOD；

（2）求直线AB与平面BCD所成角的余弦值.

【分析】

（1）易得$BO \perp$ 平面ADE. 又$CD \subset$ 平面ADE，所以$BO \perp CD$. 由$BO \cap DO = O$，$BO \subset$ 平面BOD，$OD \subset$ 平面BOD，可得$CD \perp$ 平面BOD.

（2）根据线面所成角的定义，要求直线AB与平面BCD所成角的余弦值，可先求出线面所成角的正弦值，即求出点A到平面BCD的距离.

【解答】

（1）在$Rt \triangle ABE$中，$BE = 1$，$AB = \sqrt{3}$，所以$\angle BAE = 30°$.

同理$\angle BDA = 30°$，从而$\angle AOD = 90°$，$AE \perp BD$.

又因为$AD // EC$，$AD = EC$，所以四边形$ADCE$是平行四边形，$\angle CDO = \angle AOD = 90°$，$CD \perp DO$.

因为平面$ABE \perp$ 平面ADE，平面$ABE \cap$ 平面$ADE = AE$，$BO \perp AE$，所以$BO \perp$ 平面ADE.

又$CD \subset$ 平面ADE，所以$BO \perp CD$，$BO \cap DO = O$，$BO \subset$ 平面BOD，$OD \subset$ 平面BOD. 因此$CD \perp$ 平面BOD.

（2）由（1）可知，四边形$AECD$的面积

$$S = CD \cdot OD = 3\sqrt{3}$$

连接AC，可得$\triangle ACD$的面积为

$$S_1 = \frac{1}{2} S = \frac{3\sqrt{3}}{2}$$

三棱锥$B\text{-}ACD$的体积为

$$V = \frac{1}{3} S_1 \times OB = \frac{3}{4}$$

$\triangle BCD$的面积为

$$S_2 = \frac{1}{2} \times CD \times BD = \frac{\sqrt{30}}{2}$$

设A到平面BCD的距离为h，则

$$\frac{1}{3}S_2h=\frac{3}{4}, \qquad h=\frac{3\sqrt{30}}{20}$$

直线AB与平面BCD所成角的正弦值为$\dfrac{h}{AB}=\dfrac{3\sqrt{10}}{20}$，余弦值为$\dfrac{\sqrt{310}}{20}$.

3. 平面与平面垂直的判定

如图2.61所示，由于南、北方的降水量不同，所以房屋的屋顶两个面的夹角不同；翼装飞行时，根据需要的速度不同，"两翼"夹角也不同. 为此，我们引入二面角的概念，研究两个平面所成的角.

图2.61

如图2.62所示，从一条直线出发的两个半平面组成的图形叫作二面角（dihedral angle）．这条直线叫作二面角的棱，这两个半平面叫作二面角的面．棱为AB，面分别为α，β的二面角记作二面角$\alpha\text{-}AB\text{-}\beta$．有时为了方便，也可在$\alpha$，$\beta$内（棱以外的半平面部分）分别取点$P$，$Q$，将这个二面角记作二面角$P\text{-}AB\text{-}Q$．如果棱记作$l$，那么这个二面角记作二面角$\alpha\text{-}l\text{-}\beta$或$P\text{-}l\text{-}Q$．

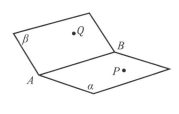

图 2.62

如图2.63所示，在二面角$\alpha\text{-}l\text{-}\beta$的棱$l$上任取一点$O$，以点$O$为垂足，在半平面$\alpha$和$\beta$内分别作垂直于棱$l$的射线$OA$和$OB$，则射线$OA$和$OB$构成的$\angle AOB$叫作二面角的平面角．二面角的大小可以用它的平面角来度量．平面角是直角的二面角叫作直二面角．如图2.64所示，平面α与β垂直，记作$\alpha\perp\beta$．

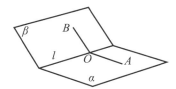

微件　图 2.63｜二面角

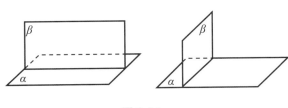

图 2.64

教室的墙面所在平面与地面所在平面相交，它们所成的角是直二面角，我们常说墙面直立于地面上．

一般地，两个平面相交，如果它们所成的二面角是直二面角，就说这两个平面互相垂直．

如图2.65所示，当两个平面互相垂直时，把直立平面的竖边画成与水平平面的横边垂直．平面α与β垂直，记作$\alpha \perp \beta$．

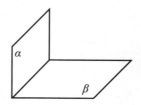

🔘 微件　图 2.65│面面垂直判定定理

一般地，我们有下面判定两个平面互相垂直的定理：

定理2.7　若一个平面过另一个平面的垂线，则这两个平面垂直．

这个定理说明，可以由直线与平面垂直证明平面与平面垂直．

例题 Examples

例2.16　如图2.66所示，三棱柱$ABC\text{-}A_1B_1C_1$中，侧棱垂直于底面，$\angle ACB=90°$，$AC=BC=\dfrac{1}{2}AA_1$，D是棱AA_1的中点，$\angle A_1DC_1=\angle ADC=45°$．证明：平面$BDC_1 \perp$平面$BDC$．

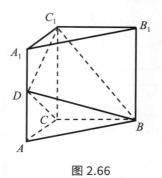

图 2.66

【分析】

由题设知$BC \perp CC_1$，$BC \perp AC$，$CC_1 \cap AC = C$，可得$BC \perp$平面ACC_1A_1，从而$BC \perp DC_1$。由题设知$DC_1 \perp DC$，故$DC_1 \perp$平面BDC，可证平面$BDC \perp$平面BDC_1。

【解答】

由题设知$BC \perp CC_1$，$BC \perp AC$，$CC_1 \cap AC = C$，故$BC \perp$平面ACC_1A_1。

因为$DC_1 \subset$平面ACC_1A_1，所以$BC \perp DC_1$。

由题设知$\angle A_1DC_1 = \angle ADC = 45°$，故$\angle CDC_1 = 90°$，即$DC_1 \perp DC$。

又$DC \cap BC = C$，故$DC_1 \perp$平面BDC。

因为$DC_1 \subset$平面BDC_1，所以平面$BDC \perp$平面BDC_1。

2.3.2　垂直关系的性质

1. 直线与平面垂直的性质

由于无法把两条直线a，b归入一个平面内，所以在探究垂直于同一个平面的两条直线的位置关系时，无法应用平行直线的判定知识，也无法应用公理2.4. 在这种情况下我们采用了"反证法"。

如图2.68所示，假定b与a不平行，且$b \cap \alpha = O$，b'是经过点O与直线a平行的直线. 直线b与b'确定平面β，设$\alpha \cap \beta = c$，则$O \in c$. 因为$a \perp \alpha$，$b \perp \alpha$，所以$a \perp c$，$b \perp c$. 又因为$b' // a$，所以$b' \perp c$. 这样在平面β内，经过直线c上同一点O就有两条直线b，b'与c垂直，显然不可能. 因此$b // a$.

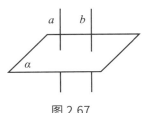

图 2.67

【思考】
Thinking

如图 2.67 所示，已知直线a，b和平面α. 如果$a \perp \alpha$，$b \perp \alpha$，那么直线a，b一定平行吗？

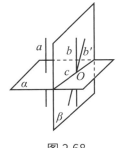

图 2.68

如图2.69所示，一般地，我们可以得到直线与平面垂直的性质定理：

定理2.8 垂直于同一个平面的两条直线平行.

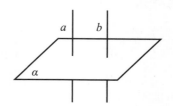

图 2.69｜线面垂直性质定理

判定两条直线平行的方法很多，直线与平面垂直的性质定理告诉我们，可以由两条直线与一个平面垂直判定两条直线平行. 直线与平面垂直的性质定理揭示了"平行"与"垂直"之间的内在联系.

在此性质定理中，由直线与平面垂直的定义知，一条直线如果垂直于一个平面，则这条直线与该平面内的任何一条直线都垂直.

例题 Examples

例2.17 如图2.70所示，已知正方体AC_1.

（1）求证：$A_1C \perp B_1D_1$；

（2）M，N分别为B_1D_1与C_1D上的点，且$MN \perp B_1D_1$，$MN \perp C_1D$，求证：$MN // A_1C$.

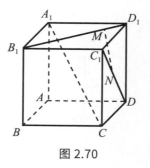

图 2.70

【解答】

（1）如图2.71所示，连接A_1C_1.

因为$CC_1\perp$平面$A_1B_1C_1D_1$，$B_1D_1\subset$平面$A_1B_1C_1D_1$，所以$CC_1\perp B_1D_1$.

因为四边形$A_1B_1C_1D_1$是正方形，所以$A_1C_1\perp B_1D_1$.

又因为$CC_1\bigcap A_1C_1=C_1$，所以$B_1D_1\perp$平面A_1C_1C.

又因为$A_1C\subset$平面A_1C_1C，所以$A_1C\perp B_1D_1$.

（2）连接B_1A，AD_1.

因为B_1C_1平行且等于AD，所以四边形ADC_1B_1为平行四边形，故$C_1D//AB_1$.

因为$MN\perp C_1D$，所以$MN\perp AB_1$.

又因为$MN\perp B_1D_1$，$AB_1\bigcap B_1D_1=B_1$，所以$MN\perp$平面AB_1D_1.

由（1）知$A_1C\perp B_1D_1$，同理可得$A_1C\perp AB_1$. 又因为$AB_1\bigcap B_1D_1=B_1$，所以$A_1C\perp$平面AB_1D_1.

因此$MN//A_1C$.

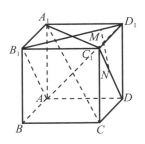

图 2.71

例2.18　如图2.72所示，已知三棱锥$P\text{-}ABC$，$\angle ACB=90°$，$CB=4$，$AB=20$，D为AB的中点，M为PB的中点，且$\triangle PDB$是正三角形，$PA\perp PC$.

（1）求证：平面$PAC\perp$平面ABC；

（2）求二面角$D\text{-}AP\text{-}C$的正弦值.

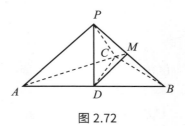

图 2.72

【分析】

（1）证明 $AP \perp PB$，$AP \perp PC$，推出 $AP \perp$ 平面 PBC. 证明 $AP \perp BC$. 然后证明 $BC \perp$ 平面 PAC，即可证明平面 $PAC \perp$ 平面 ABC.

（2）求二面角 D-AP-C 的正弦值即求二面角 B-AP-C 的正弦值. 根据（1）可知，$CP \perp AP$，$BP \perp AP$，所以二面角 B-AP-C 的正弦值就等于 $\angle BPC$ 的正弦值.

【解答】

（1）因为 D 是 AB 的中点，$\triangle PDB$ 是正三角形，$AB=20$，所以 $PD=DB=AD=\dfrac{1}{2}AB=10$.

因此 $\triangle PAB$ 是直角三角形，且 $AP \perp PB$.

又因为 $AP \perp PC$，$PB \cap PC=P$，PB，$PC \subset$ 平面 PBC，所以 $AP \perp$ 平面 PBC.

因为 $BC \subset$ 平面 PBC，所以 $AP \perp BC$.

又因为 $AC \perp BC$，$AP \cap AC=A$，AP，$AC \subset$ 平面 PAC，所以 $BC \perp$ 平面 PAC.

因为 $BC \subset$ 平面 ABC，所以平面 $PAC \perp$ 平面 ABC.

（2）由（1）可知，$CP \perp AP$，$BP \perp AP$，所以二面角 B-AP-C 的正弦值等于 $\angle BPC$ 的正弦值.

因为 $BC \perp$ 平面 PAC，所以 $\triangle PBC$ 是直角三角形.

又因为 $BC=4$，$BP=10$，所以 $\sin \theta=\sin \angle BPC=\dfrac{4}{10}=\dfrac{2}{5}$.

2. 平面与平面垂直的性质

如图 2.73 所示，在长方体 $ABCD$-$A'B'C'D'$ 中，平面 $A'ADD'$ 与平面 $ABCD$ 垂直，直线 AA' 垂直于其交线 AD. 那么平面 $A'ADD'$ 内的直线 AA' 与平面 $ABCD$ 垂直吗？

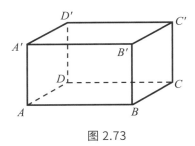

图 2.73

如图2.74所示，设$\alpha \perp \beta$，$\alpha \cap \beta = CD$，$AB \subset \alpha$，$AB \perp CD$，且$AB \cap CD = B$. 观察直线AB与平面β的位置关系.

在β内引直线$BE \perp CD$，垂足为B，则$\angle ABE$是二面角α-CD-β的平面角. 由$\alpha \perp \beta$知，$AB \perp BE$. 又$AB \perp CD$，BE与CD是β内的两条相交直线，所以$AB \perp \beta$.

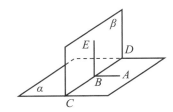

微件　图 2.74｜面面垂直性质定理

综上所述，得到平面与平面垂直的性质定理：

定理2.9　若两个平面垂直，则一个平面内垂直于交线的直线与另一个平面垂直.

如图2.75所示，根据垂直关系的性质定理，我们可以通过直线与平面垂直判定平面与平面垂直. 平面与平面垂直的性质定理说明，由平面与平面垂直可以得到直线与平面垂直.

微件　图2.75｜直线、平面间的垂直位置关系

例2.19 如图2.76所示，在四棱锥$V\text{-}ABCD$中，底面$ABCD$是正方形，侧面VAD是等边三角形，平面$VAD\perp$底面$ABCD$.

（1）求证：$AB\perp$平面VAD；

（2）求平面VAD与平面VDB所成的二面角的正切值.

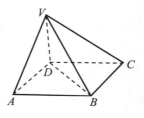

图 2.76

【解答】

（1）因为底面$ABCD$是正方形，所以$AB\perp AD$.

因为平面$VAD\perp$底面$ABCD$，平面$VAD\bigcap$底面$ABCD=AD$，$AB\perp AD$，$AB\subset$底面$ABCD$，所以$AB\perp$平面VAD.

（2）如图2.77所示，取VD的中点E，连接AE，BE.

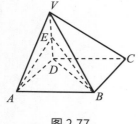

图 2.77

因为$\triangle VAD$是等边三角形，所以$AE\perp VD$，$AE=\dfrac{\sqrt{3}}{2}AD$.

因为$AB\perp$平面VAD，$VD\subset$平面VAD，所以$AB\perp VD$.

又因为$AB\bigcap AE=A$，所以$VD\perp$平面ABE.

因为$BE\subset$平面ABE，所以$VD\perp BE$，因此$\angle AEB$就是平面VAD与平面VDB所成的二面角的平面角.

在$\text{Rt}\triangle BAE$中，由于

$$\tan\angle BEA=\frac{BA}{AE}=\frac{AD}{\dfrac{\sqrt{3}}{2}AD}=\frac{2\sqrt{3}}{3}$$

因此所求二面角$A\text{-}VD\text{-}B$的正切值为$\dfrac{2\sqrt{3}}{3}$.

类型1 正四棱柱模型（三条线两两垂直）

题设：根据题目所给图形，只要能够在正四棱柱模型内截出所给多面体即可.

方法：如图2.78所示.

处理这种问题的方法都是找出三条两两互相垂直的线段，假设正四棱柱的边长分别为a，b，c，用公式$\sqrt{a^2+b^2+c^2}=2R$解出R.

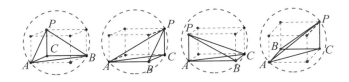

图2.78

例题 Examples

例2.20 已知三棱锥$P\text{-}BCD$中，$BC\perp CD$，$PB\perp$底面BCD，$BC=1$，$PB=CD=2$，则该三棱锥的外接球的体积为多少？

【分析】

将三棱锥$P\text{-}BCD$放入长方体中，则三棱锥的外接球即为长方体的外接球，外接球的半径为长方体对角线的一半，求出外接球半径，再利用球的体积公式即可求出结果.

【解答】

如图2.79所示，将三棱锥$P\text{-}BCD$放在长、宽、高分别为2，1，2的长方体中，则三棱锥$P\text{-}BCD$的外接球即为该长方体的外接球，所以外接球的直径$PD=\sqrt{BC^2+CD^2+PB^2}$ $=\sqrt{1^2+2^2+2^2}=3$.

所以该球的体积为 $\dfrac{4}{3}\pi \times \left(\dfrac{3}{2}\right)^3=\dfrac{9}{2}\pi.$

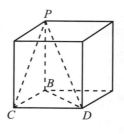

图 2.79

例2.21 据《九章算术》记载，"鳖臑"为四个面都是直角三角形的三棱锥. 如图2.80（a）所示，现有一个"鳖臑"，$PA\perp$底面ABC，$AB\perp BC$，且$PA=AB=BC=2$，三棱锥外接球表面积为多少?

【分析】

将三棱锥P-ABC放入正方体中，则三棱锥的外接球即为正方体的外接球，外接球的半径为正方体体对角线的一半，求出外接球半径，再利用球的表面积公式即可求出结果.

【解答】

因为$PA\perp$底面ABC，$AB\perp BC$，$PA=AB=BC=2$.

故可将三棱锥P-ABC放入正方体中.

如图2.80（b）所示，则三棱锥的外接球即为正方体的外接球，设外接球的半径为R.

则（$2R$）$^2=2^2+2^2+2^2$，解得$R=\sqrt{3}$，所以外接球的表面积为$4\pi R^2=12\pi.$

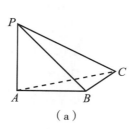

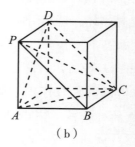

图 2.80

例2.22 《九章算术》中将底面为长方形且有一条侧棱与底面垂直的四棱锥称为"阳马". 现有一"阳马"$P\text{-}ABCD$，$PA\perp$平面$ABCD$，$AB=4$，$\triangle PAD$的面积为4，则该"阳马"外接球的表面积的最小值为多少？

【分析】

将"阳马"补成长方体，利用长方体的外接球半径与长方体棱长之间的关系、球的表面积公式及基本不等式即可求解.

【解答】

因为$PA\perp$平面$ABCD$，$AB=4$，$\triangle PAD$的面积为4.

如图2.81所示，将四棱锥$P\text{-}ABCD$补成长方体，则该四棱锥的外接球与长方体的外接球相同.

因为长方体外接球的半径$r=\dfrac{\sqrt{AB^2+AD^2+PA^2}}{2}$.

所以该"阳马"外接球的表面积为

$$4\pi \times r^2=(AD^2+PA^2+16)\pi \geqslant (2AD\cdot PA+16)\pi$$
$$=\left(4\times \frac{1}{2}AD\cdot PA+16\right)\pi$$
$$=(4\times 4+16)\pi$$
$$=32\pi$$

当且仅当$AD=PA=2\sqrt{2}$时，等号成立.

所以该"阳马"外接球的表面积的最小值为32π.

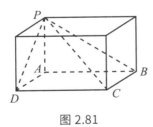

图2.81

类型2　线垂面模型（一条直线垂直于一个平面）

题设：$PA \perp$ 平面ABC.

方法：如图2.82所示.

第一步，将平面ABC画在小圆面上，A为小圆面直径一端点；作小圆面的直径AD，连接PD，则PD必过球心O.

第二步，因为H为$\triangle ABC$的外心，所以$OH \perp$平面ABC；计算出小圆面的半径$HD = r$，$OH = \dfrac{PA}{2}$.

第三步，利用勾股定理可得$R = \sqrt{r^2 + OH^2} \Rightarrow R$.

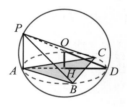

图 2.82

题设：P的投影在$\triangle ABC$的外心上.

方法：如图2.83所示.

第一步，确定球心O的位置，取$\triangle ABC$的外心H，则P，O，H三点共线.

第二步，计算出小圆半径$AH = r$，棱锥的高$PH = h$.

第三步，利用勾股定理可得
$$OH^2 + AH^2 = OA^2 \Rightarrow (h - R)^2 + r^2 = R^2$$
解出R.

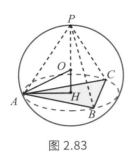

图 2.83

例题 Examples

例2.23 已知三棱锥P-ABC的所有顶点都在球O的球面上，$AB=5$，$AC=3$，$BC=4$，PB为球O的直径，$PB=10$，则这个三棱锥的体积为多少？

【分析】

判断$PA \perp$平面ABC，求出PA，即可求出三棱锥的体积．

【解答】

如图2.84所示，由条件$\triangle ABC$为直角三角形，则斜边AB的中点O_1为$\triangle ABC$的外接圆的圆心．

连接OO_1得$OO_1 \perp$平面ABC，$OO_1=\sqrt{BO^2-BO_1^2}=\dfrac{5}{2}\sqrt{3}$．

因为$OO_1//PA$，$PA=2OO_1=5\sqrt{3}$，所以$PA \perp$平面ABC．

故三棱锥的体积为$\dfrac{1}{3} \times \dfrac{1}{2} \times 3 \times 4 \times 5\sqrt{3}=10\sqrt{3}$．

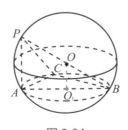

图 2.84

例2.24 已知三棱锥A-BCD的所有顶点都在同一个球面上，$\triangle BCD$是边长为2的正三角形，AC为球O的直径，若该三棱锥的体积为$\dfrac{4\sqrt{2}}{3}$，则该球O的表面积为多少？

【分析】

根据题意作出图形，设球心为O，过BCD三点的小圆的圆心为O_1，则$OO_1\perp$平面BCD，延长CO_1交球于点E，则$AE\perp$平面BCD，由该三棱锥的体积为$\dfrac{4\sqrt{2}}{3}$，求出$AE=\dfrac{4\sqrt{6}}{3}$，由AC为球O的直径，求出$OO_1=\dfrac{1}{2}AE=\dfrac{2\sqrt{6}}{3}$，再求出$CO_1=\dfrac{2\sqrt{3}}{3}$，从而求出球半径$R=OC$，进而能求出该球$O$的表面积.

【解答】

根据题意作出图形（图2.85）.

设球心为O，过BCD三点的小圆的圆心为O_1，则$OO_1\perp$平面BCD.

延长CO_1交球于点E，则$AE\perp$平面BCD.

因为该三棱锥的体积为$\dfrac{4\sqrt{2}}{3}$，所以$\dfrac{1}{3}\times AE\times S_{\triangle BCD}=\dfrac{1}{3}\times$

$AE\times\dfrac{1}{2}\times 2\times 2\times\sin 60°=\dfrac{4\sqrt{2}}{3}$，解得$AE=\dfrac{4\sqrt{6}}{3}$.

因为AC为球O的直径，所以$OO_1=\dfrac{1}{2}AE=\dfrac{2\sqrt{6}}{3}$.

因为$CO_1=\dfrac{2}{3}\times\sqrt{4-1}=\dfrac{2\sqrt{3}}{3}$，所以球半径$R=OC=$

$\sqrt{\left(\dfrac{2\sqrt{6}}{3}\right)^2+\left(\dfrac{2\sqrt{3}}{3}\right)^2}=2$.

故该球O的表面积$S=4\pi R^2=16\pi$.

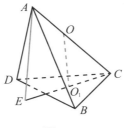

图 2.85

例2.25 已知三棱锥S-ABC的顶点都在球O的球面上，$\triangle ABC$是边长为6的正三角形，SC为球O的直径，且此三棱锥的体积为$12\sqrt{3}$，则球O的表面积为多少？

【分析】

由已知求出$\triangle ABC$外接圆的半径r，再由棱锥体积求解S到底面ABC的距离，可得球心O到底面ABC的距离，然后利用勾股定理求外接球的半径，则答案可求.

【解答】

因为$\triangle ABC$是边长为6的正三角形，所以$\triangle ABC$外接圆的半径$r=\dfrac{6}{2\sin 60°}=2\sqrt{3}$.

设点S到平面ABC的距离为d，则棱锥S-ABC的体积$V=\dfrac{1}{3}\times\dfrac{1}{2}\times 6\times 6\times\dfrac{\sqrt{3}}{2}d=12\sqrt{3}$，解得$d=4$.

又SC为球O的直径，所以点O到平面ABC的距离为$\dfrac{d}{2}=2$，故三棱锥外接球O的半径$R=\sqrt{\left(\dfrac{d}{2}\right)^2+r^2}=4$. 于是可得球的表面积$S=4\pi R^2=64\pi$.

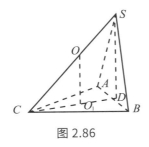

图 2.86

类型3　面垂面模型（两个平面互相垂直）

题设：平面$PAC\perp$平面BAC，$AB\perp BC$（AC为小圆直径）．

方法：如图2.87所示．

第一步，由图可知球心O必为$\triangle PAC$的外心，即$\triangle PAC$在大圆上，先求出小圆直径AC的长．

第二步，在$\triangle PAC$中，可根据正弦定理$\dfrac{a}{\sin A}=2R$，解出R．

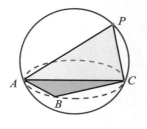

图2.87

题设：平面$PAC\perp$平面BAC，$PA=PC$，$AB\perp BC$．

方法：如图2.88所示．

第一步，确定球心O的位置，由图可知P，O，H三点共线．

第二步，计算出小圆半径$AH=r$，棱锥的高$PH=h$．

第三步，利用勾股定理可得
$$OH^2+AH^2=OA^2\Rightarrow (h-R)^2+r^2=R^2$$
解出R．

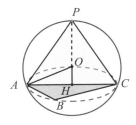

图 2.88

例题 Examples

例2.26 在三棱锥 $A\text{-}BCD$ 中，$BC \perp BD$，$AB=AD=BD=4\sqrt{3}$，$BC=6$，平面 $ABD \perp$ 平面 BCD，则三棱锥 $A\text{-}BCD$ 的外接球体积为多少？

【分析】

由平面与平面垂直的性质定理得到 $BC \perp$ 平面 ABD，并利用正弦定理计算出 $\triangle ABD$ 的外接圆直径 $2r$，然后利用公式 $2R=\sqrt{(2r)^2+BC^2}$ 计算出外接球的半径 R，最后利用球体体积公式可得出答案．

【解答】

因为平面 $ABD \perp$ 平面 BCD，平面 $ABD \cap$ 平面 $BCD=BD$，$BC \perp BD$，$BC \subset$ 平面 BCD，所以 $BC \perp$ 平面 ABD．

又因为 $AB=AD=BD=4\sqrt{3}$，所以 $\triangle ABD$ 是边长为 $4\sqrt{3}$ 的等边三角形．

由正弦定理得 $\triangle ABD$ 的外接圆的直径为 $2r=\dfrac{AB}{\sin\dfrac{\pi}{3}}=8$．

所以该球的直径为 $2R=\sqrt{(2r)^2+BC^2}=10$，故 $R=5$．

因此三棱锥 $A\text{-}BCD$ 的外接球体积为 $V=\dfrac{4}{3}\pi R^3=\dfrac{4}{3}\pi \times 5^3$

$=\dfrac{500}{3}\pi$．

例2.27 四棱锥$P\text{-}ABCD$的底面$ABCD$是矩形，侧面$PAD\perp$平面$ABCD$，$\angle APD=120°$，$AB=PA=PD=2$，则该四棱锥$P\text{-}ABCD$外接球的体积为多少？

【分析】

设$ABCD$的中心为O'，球心为O，则$O'B=\dfrac{1}{2}BD=2$，设O到平面$ABCD$的距离为d，则$R^2=d^2+2^2=1^2+（1+d）^2$，求出R，即可求出四棱锥$P\text{-}ABCD$的外接球的体积.

【解答】

如图2.89所示，取AD的中点E，连接PE.

因为$\triangle PAD$中，$\angle APD=120°$，$PA=PD=2$，所以$PE=1$，$AD=2\sqrt{3}$.

设$ABCD$的中心为O'，球心为O，则$O'B=\dfrac{1}{2}BD=2$.

设O到平面$ABCD$的距离为d，则$R^2=d^2+2^2=1^2+（1+d）^2$.

所以$d=1$，$R=\sqrt{5}$.

故四棱锥$P\text{-}ABCD$的外接球的体积为$\dfrac{4}{3}\pi R^3=\dfrac{20\sqrt{5}}{3}\pi$.

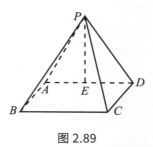

图2.89

例2.28 已知四棱锥$P\text{-}ABCD$的底面为矩形，平面$PBC\perp$平面$ABCD$，$PE\perp BC$于E，$EC=1$，$AB=\sqrt{26}$，$BC=3$，$PE=2$，则四棱锥$P\text{-}ABCD$外接球的表面积为多少？

【分析】

首先根据题意整理出球的球心的位置，进一步求出球的半径，最后求出球的表面积.

【解答】

如图2.90所示，设 $\triangle PBC$ 外接圆圆心为 O_1，半径为 r，因为 $BC=3$，$EC=1$，所以 $BE=2$，又 $PE \perp BC$，$PE=2$，所以 $\angle PBE=45°$.

由正弦定理可得 $\dfrac{PC}{\sin\angle PBC}=2r$，即 $2r=\dfrac{PC}{\sin\angle PBC}=$

$\dfrac{\sqrt{PE^2+EC^2}}{\sin 45°}=\dfrac{\sqrt{5}}{\dfrac{\sqrt{2}}{2}}=\sqrt{10}$，所以 $r=\dfrac{\sqrt{10}}{2}$.

设四棱锥 $P\text{-}ABCD$ 外接球的球心为 O，半径为 R，则易知 $OO_1=\dfrac{1}{2}AB=\dfrac{\sqrt{26}}{2}$.

所以有 $R^2=r^2+OO_1^2=\left(\dfrac{\sqrt{10}}{2}\right)^2+\left(\dfrac{\sqrt{26}}{2}\right)^2=9$.

所以外接球表面积为 $S=4\pi R^2=36\pi$.

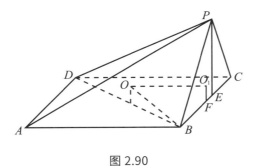

图 2.90

类型4　直棱柱的外接球模型

题设：直三棱柱内接于一球（棱柱的上、下底面均为任意三角形）.

方法：如图2.91所示.

第一步，确定球心O的位置，H为$\triangle ABC$的外心，则$OH\perp$平面ABC.

第二步，计算出小圆半径$AH=r$，$OH=\dfrac{1}{2}AA_1=\dfrac{h}{2}$.

第三步，利用勾股定理可得

$$OH^2 + AH^2 = OA^2 \Rightarrow R = \sqrt{r^2+\left(\dfrac{h}{2}\right)^2}$$

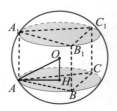

图2.91

题设：直三棱柱内接于一球（棱柱的上、下底面均为直角三角形）.

方法：如图2.92所示.

此类题为上面题的特殊情况，解法更简单，AH的长即为底面三角形斜边的一半.

利用勾股定理可得

$$OH^2 + AH^2 = OA^2 \Rightarrow R = \sqrt{r^2+\left(\dfrac{h}{2}\right)^2}$$

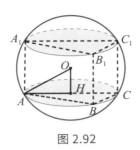

图 2.92

题设：四棱锥 $P\text{-}ABCD$ 内接于一球，平面 $PAD\perp$ 平面 $ABCD$.

方法：如图 2.93 所示.

这种四棱锥可以补成直三棱柱，然后方法同上.

利用勾股定理可得

$$OH^2 + AH^2 = OA^2 \Rightarrow R = \sqrt{r^2 + \left(\frac{h}{2}\right)^2}$$

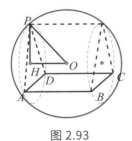

图 2.93

例题 Examples

例 2.29　在直三棱柱 $ABC\text{-}A_1B_1C_1$ 中，若 $AB\perp BC$，$AB=6$，$BC=8$，$AA_1=6$，则该直三棱柱外接球的表面积为多少？

【分析】

首先利用直三棱柱和外接球的关系求出球的半径，然后进一步求出球的表面积．

【解答】

已知直三棱柱$ABC\text{-}A_1B_1C_1$中，$AB \perp BC$，$AB=6$，$BC=8$，$AA_1=6$．

如图2.94所示，取AC的中点D，连接AC_1和A_1C交于点O，则点O为直三棱柱外接球的球心．

所以$BD=\dfrac{1}{2}\sqrt{8^2+6^2}=5$，$AO=\sqrt{5^2+3^2}=\sqrt{34}$．

故$S_{球}=4 \cdot \pi \cdot (\sqrt{34})^2=136\pi$．

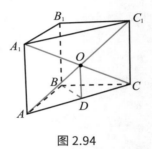

图2.94

例2.30　设直三棱柱$ABC\text{-}A_1B_1C_1$的所有顶点都在一个球面上，$AB=AC=AA_1$，$\angle BAC=120°$，且底面$\triangle ABC$的面积为$2\sqrt{3}$，则此直三棱柱外接球的表面积是多少？

【分析】

由三角形面积公式求得AB，由正弦定理求得底面三角形外接圆半径，设M，N分别是$\triangle ABC$和$\triangle A_1B_1C_1$的外接圆圆心，则MN的中点O是三棱柱$ABC\text{-}A_1B_1C_1$的外接球球心，求球半径后可得表面积．

【解答】

设$AB=AC=AA_1=m$，因为$\angle BAC=120°$，所以$\dfrac{1}{2} \times m \times m \times \sin120°=2\sqrt{3}$，解得$m=2\sqrt{2}$．

因为$\angle ACB=30°$，所以$\dfrac{2\sqrt{2}}{\sin 30°}=2r$（$r$是$\triangle ABC$外接圆的半径），解得$r=2\sqrt{2}$，即$AM=2\sqrt{2}$.

如图2.95所示，设M，N分别是$\triangle ABC$和$\triangle A_1B_1C_1$的外接圆圆心.

由直棱柱的性质知MN的中点O是三棱柱ABC-$A_1B_1C_1$的外接球球心.

$$OM=\dfrac{1}{2}MN=\dfrac{1}{2}AA_1=\sqrt{2}.$$

所以外接球半径为$R=OA=\sqrt{AM^2+OM^2}=\sqrt{(2\sqrt{2})^2+(\sqrt{2})^2}=\sqrt{10}$.

于是球的表面积为$S=4\pi R^2=4\pi(\sqrt{10})^2=40\pi$.

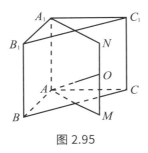

图 2.95

例2.31 已知正三棱柱ABC-$A_1B_1C_1$中，$AB=2$，直线A_1B与平面B_1BCC_1所成角为$45°$，则此三棱柱的外接球的表面积为多少？

【分析】

由题意画出图形，求出三棱柱的高，进一步求得半径，则三棱柱的外接球的表面积可求.

【解答】

如图2.96所示，过A_1作$A_1D_1\perp B_1C_1$于D_1，连接BD_1.

在正三角形$A_1B_1C_1$中，求得$A_1D_1=\sqrt{3}$.

因为直线A_1B与平面B_1BCC_1所成角为$45°$，所以$A_1B=\sqrt{6}$，故$AA_1=\sqrt{6-4}=\sqrt{2}$.

又因为正三棱柱ABC-$A_1B_1C_1$上下底面中心的连线的中点为此三棱柱的外接球的球心，所以此三棱柱的外接球的半径

$R=\sqrt{\left(\dfrac{\sqrt{2}}{2}\right)^2+\left(\dfrac{2\sqrt{3}}{3}\right)^2}=\sqrt{\dfrac{11}{6}}$，故此三棱柱的外接球的表面积为

$4\pi R^2=\dfrac{22\pi}{3}$.

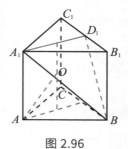

图 2.96

■ 拓展 Expansion

类型5　折叠模型

题设：两个全等三角形或等腰三角形拼在一起，或菱形折叠.

方法：如图2.97所示.

第一步，先画出如图所示的图形，将△BCD画在小圆上，找出△BCD与△A'BD的外心H_1和H_2.

第二步，过H_1和H_2分别作所在三角形的垂线，交点即为球心O，连接OE，OC.

第三步，解$\triangle OEH_1$，计算出OH_1，在Rt$\triangle OCH_1$中，由勾股定理可得

$$OH_1^{\,2}+CH_1^{\,2}=OC^{\,2}$$

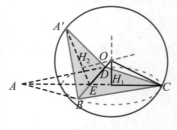

图 2.97

例2.32 已知在菱形$ABCD$中，$AB=2$，$\angle A=60°$，把$\triangle ABD$沿BD折起到$\triangle A'BD$位置，若二面角A'-BD-C大小为$120°$，则四面体$A'BCD$的外接球体积是多少？

【分析】

设菱形中心为E，则$\triangle BCD$为等边三角形，利用球的对称性可知$\angle OEC=60°$，利用等边三角形的性质和勾股定理求出球的半径.

【解答】

如图2.98所示，过球心O作$OO'\perp$平面BCD，则O'为等边三角形BCD的中心.

因为四边形$ABCD$是菱形，$A=60°$，所以$\triangle BCD$是等边三角形.

设AC，BD交于点E，则$\angle A'EA=60°$.

因为$\triangle A'BD$和$\triangle BCD$是全等的正三角形，所以$\angle OEC=60°$.

又因为$AB=2$，所以$CE=\sqrt{3}$，故$EO'=\dfrac{\sqrt{3}}{3}$，$CO'=\dfrac{2\sqrt{3}}{3}$，于是$OO'=1$.

由此求得球的半径$OC=\sqrt{1+\dfrac{4}{3}}=\dfrac{\sqrt{21}}{3}$.

故外接球的体积为$V=\dfrac{4}{3}\pi\times\left(\dfrac{\sqrt{21}}{3}\right)^3=\dfrac{28\sqrt{21}}{27}\pi$.

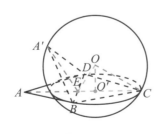

图2.98

例2.33 在三棱锥A-BCD中，$AB=BC=CD=DA=\sqrt{7}$，$BD=2\sqrt{3}$，二面角A-BD-C是钝角. 若三棱锥A-BCD的体积为2，则三棱锥A-BCD的外接球的表面积是多少？

【分析】

取BD的中点E，连接AE，CE，得到$\angle AEC$为二面角A-BD-C的平面角，$V=\dfrac{1}{3}\times\dfrac{1}{2}AE\times CE\times\sin\angle AEC\times BD=2$，进而求得$\angle AEC=120°$，数形结合，得到外接球半径即可.

【解答】

如图2.99（a）所示，取BD中点E，连接AE，CE，则$AE\perp BD$，$CE\perp BD$，又$AE\bigcap CE=E$，AE，$CE\subset$平面AEC，所以$BD\perp$平面AEC.

因为$V_{ABCD}=\dfrac{1}{3}S_{\triangle AEC}\cdot BD=\dfrac{1}{3}S_{\triangle AEC}\cdot 2\sqrt{3}=2$，所以$S_{\triangle AEC}=\sqrt{3}$.

又因为$AE=CE=\sqrt{(\sqrt{7})^2-(\sqrt{3})^2}=2$，所以$S_{\triangle AEC}=\dfrac{1}{2}AE\cdot CE\cdot$

$\sin\angle AEC=\dfrac{1}{2}\times 2\times 2\times\sin\angle AEC=\sqrt{3}$，故$\sin\angle AEC=\dfrac{\sqrt{3}}{2}$.

又由$AE\perp BD$，$CE\perp BD$，知$\angle AEC$为二面角A-BD-C的平面角，此角为钝角. 所以$\angle AEC=\dfrac{2\pi}{3}$.

故$AC=\sqrt{2^2+2^2-2\times 2\times 2\times\cos\dfrac{2\pi}{3}}=2\sqrt{3}=BD$.

因此四面体$ABCD$可以放置在一个长方体中，四面体$ABCD$的六条棱是长方体的六个面对角线，如图2.99（b）所示，此长方体的外接球就是四面体$ABCD$的外接球，设长方体的棱长分别为a，b，c.

则$\begin{cases} a^2+b^2=12 \\ b^2+c^2=7 \\ c^2+a^2=7 \end{cases}$，解得$\begin{cases} a=\sqrt{6} \\ b=\sqrt{6} \\ c=1 \end{cases}$.

所以外接球的直径为$2R=\sqrt{a^2+b^2+c^2}=\sqrt{13}$，$R=\dfrac{\sqrt{13}}{2}$.

故球表面积为$S=4\pi R^2=13\pi$.

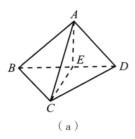 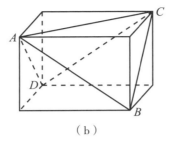

图 2.99

例2.34 四边形$ABDC$是菱形，$\angle BAC=60°$，$AB=\sqrt{3}$，沿对角线BC翻折后，二面角A-BC-D的余弦值为$-\dfrac{1}{3}$，则三棱锥D-ABC的外接球的体积为多少？

【分析】

取BC的中点M，设球心O在平面ABC内的射影为O_1，在平面BCD内的射影为O_2，则二面角A-BC-D的平面角为$\angle AMD$，设$\angle AMD=2\theta$，解得$\tan\theta=\sqrt{2}$，求O的半径，然后求解外接球的体积.

【解答】

如图2.100所示，取BC的中点M，连接AM，DM，则$AM\perp BC$，$DM\perp BC$.

则二面角A-BC-D的平面角为$\angle AMD$，$AB=\sqrt{3}$.

由四边形$ABDC$是菱形，$\angle BAC=60°$可知$\triangle ABC$，$\triangle DBC$为正三角形.

设球心O在平面ABC内的射影为O_1，在平面BCD内的射影为O_2.

则O_1，O_2为$\triangle ABC$，$\triangle DBC$的中心.

所以$DM=\dfrac{3}{2}$，$DO_2=1$，$O_2M=\dfrac{1}{2}$.

由于二面角 $A\text{-}BC\text{-}D$ 的余弦值为 $-\dfrac{1}{3}$.

故设 $\angle AMD = 2\theta$，$\theta \in \left(\dfrac{\pi}{4}, \ \dfrac{\pi}{2} \right)$.

则 $\cos 2\theta = 2\cos^2\theta - 1 = -\dfrac{1}{3}$，$\cos^2\theta = \dfrac{1}{3}$.

故 $\sin^2\theta = \dfrac{2}{3}$，则 $\tan\theta = \sqrt{2}$.

于是 $OO_2 = O_2 M \tan\theta = \dfrac{\sqrt{2}}{2}$，球 O 的半径 $R = \sqrt{DO_2^2 + OO_2^2} = \dfrac{\sqrt{6}}{2}$.

故所求外接球的体积为 $V = \dfrac{4}{3}\pi \left(\dfrac{\sqrt{6}}{2} \right)^3 = \sqrt{6}\pi$.

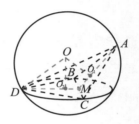

图 2.100

拓展 Expansion

类型6　对棱相等模型

题设：已知三棱锥或四面体的三组对棱相等（$AB = CD$，$AD = BC$，$AC = BD$），求外接球半径.

方法：如图 2.101 所示.

第一步，画出一个长方体，标出三组互为异面直线的对棱.

第二步，设长方体的长、宽、高分别为 a，b，c，列出方程

$$\begin{cases} a^2 + b^2 = BC^2 = \alpha^2 \\ b^2 + c^2 = AB^2 = \beta^2 \\ c^2 + a^2 = AC^2 = \gamma^2 \end{cases} \Rightarrow a^2 + b^2 + c^2 = \frac{\alpha^2 + \beta^2 + \gamma^2}{2} = (2R)^2$$

解出R.

补充:

$$V_{A-BCD} = abc - \frac{1}{6}abc \times 4 = \frac{1}{3}abc$$

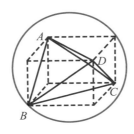

图 2.101

例题 Examples

例2.35 如图2.102所示，在三棱锥P-ABC中，$PA=BC=\sqrt{3}$，$PB=AC=2$，$PC=AB=\sqrt{5}$，则三棱锥P-ABC外接球的体积为多少?

【分析】

由题意，$PA=BC=\sqrt{3}$，$PB=AC=2$，$PC=AB=\sqrt{5}$，将三棱锥P-ABC放到长方体中，可得长方体的三条对角线分别为$\sqrt{3}$，2，$\sqrt{5}$，即可求解外接球的体积.

【解答】

由题意，$PA=BC=\sqrt{3}$，$PB=AC=2$，$PC=AB=\sqrt{5}$，将三棱锥

$P\text{-}ABC$放到长方体中，可得长方体的三条对角线分别为$\sqrt{3}$，2，$\sqrt{5}$.

即$\sqrt{a^2+b^2}=\sqrt{3}$，$\sqrt{a^2+c^2}=2$，$\sqrt{c^2+b^2}=\sqrt{5}$.

解得$a=1$，$b=\sqrt{2}$，$c=\sqrt{3}$.

所以外接球的半径$R=\dfrac{1}{2}\times\sqrt{a^2+b^2+c^2}=\dfrac{\sqrt{6}}{2}$.

故三棱锥$P\text{-}ABC$外接球的体积$V=\dfrac{4}{3}\pi R^3=\sqrt{6}\pi$.

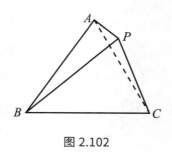

图 2.102

例2.36 在三棱锥$P\text{-}ABC$中，$PA=BC=4$，$PB=AC=5$，$PC=AB=\sqrt{11}$，则三棱锥$P\text{-}ABC$的外接球的表面积为多少？

【分析】

构造长方体，使得面上的对角线长分别为4，5，$\sqrt{11}$，则长方体的对角线长等于三棱锥$P\text{-}ABC$外接球的直径，即可求出三棱锥$P\text{-}ABC$外接球的表面积.

【解答】

因为三棱锥$P\text{-}ABC$中，$PA=BC=4$，$PB=AC=5$，$PC=AB=\sqrt{11}$，所以构造长方体，使得面上的对角线长分别为4，5，$\sqrt{11}$.

则长方体的对角线长等于三棱锥$P\text{-}ABC$外接球的直径.

设长方体的棱长分别为x，y，z，则$x^2+y^2=16$，$y^2+z^2=25$，$x^2+z^2=11$.

所以 $x^2+y^2+z^2=26$，故三棱锥 P-ABC 外接球的直径为 $\sqrt{26}$.

于是三棱锥 P-ABC 外接球的表面积为 $4\pi\left(\dfrac{\sqrt{26}}{2}\right)^2=26\pi$.

例2.37 如图2.103所示，蹴鞠，又名"踢鞠""蹴球""蹴圆""筑球""踢圆"等，"蹴"有用脚蹴、踢的含义，"鞠"最早系皮革外包、内实米糠的球．因而"蹴鞠"就是指古人以脚蹴、蹋、踢皮球的活动，类似今日的足球．2006年5月20日，蹴鞠已作为非物质文化遗产经国务院批准列入第一批国家级非物质文化遗产名录．若将"鞠"的表面视为光滑的球面，已知某"鞠"表面上的四个点 A，B，C，D 满足 $AB=CD=\sqrt{13}$ cm，$BD=AC=2\sqrt{5}$ cm，$AD=BC=5$ cm，则该"鞠"的表面积为多少？

图 2.103

【分析】

由于 $AB=CD$，$BD=AC$，$AD=BC$，所以可以把 A，B，C，D 四点放到长方体的四个顶点上，则该长方体的体对角线就是鞠的直径，求出体对角线长，从而可求出该鞠的表面积．

【解答】

因为鞠表面上的四个点 A，B，C，D 满足 $AB=CD=\sqrt{13}$ cm，

$BD=AC=2\sqrt{5}$ cm，$AD=BC=5$ cm.

所以可以把A，B，C，D四点放到长方体的四个顶点上.

则该长方体的体对角线长就是鞠的直径.

设该长方体的长、宽、高分别为x，y，z，鞠的半径为R.

则$(2R)^2=x^2+y^2+z^2$，由题意得$x^2+y^2=20$，$x^2+z^2=13$，$y^2+z^2=25$.

所以$(2R)^2=x^2+y^2+z^2=29$，即$4R^2=29$，所以该鞠的表面积为$4\pi R^2=29\pi$ cm^2.

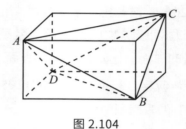

图 2.104

■ 拓展 Expansion

类型7　两直角三角形共斜边模型

题设：$\angle APB=\angle AQB=90°$，求外接圆半径.

方法：如图2.105所示.

取斜边AB的中点O，连接OP，OQ，$OP=\dfrac{1}{2}AB=OA=OB=OQ$，所以$O$点即为球心.

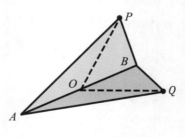

图 2.105

例2.38 在矩形$ABCD$中，$AB=4$，$BC=3$，沿AC将矩形$ABCD$折成一个直二面角B-AC-D，则四面体$ABCD$的外接球的体积为多少？

【分析】

球心到球面各点的距离相等，即可知道外接球的半径，就可以求出其体积了.

【解答】

设矩形对角线的交点为O，则由矩形对角线互相平分，可知$OA=OB=OC=OD$.

所以点O到四面体的四个顶点A，B，C，D的距离相等，即点O为四面体的外接球的球心，如图2.106所示.

所以外接球的半径$R=OA=\dfrac{5}{2}$，故$V_{球}=\dfrac{4}{3}\pi R^3=\dfrac{125}{6}\pi$.

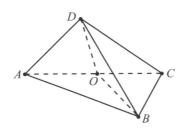

图 2.106

例2.39 将一个边长为4的正三角形ABC沿其中线BD折成一个直二面角，则所得三棱锥A-BCD的外接球的体积为多少？

【分析】

由题意画出图形，可得DA，DB，DC两两垂直，把三棱锥放置在长方体中，求出长方体的外接球的体积，即为三棱锥A-BCD的外接球的体积.

【解答】

如图2.107（a）所示，因为$AD \perp BD$，$BD \perp DC$，所以$\angle ADC$为二面角A-BD-C的平面角.

由已知可得$AD \perp DC$，$AD=DC=2$，则$BD=\sqrt{4^2-2^2}=2\sqrt{3}$.

把该三棱锥放置在长方体中，如图2.107（b）所示，则长方体的外接球即为三棱锥A-BCD的外接球.

外接球的半径为$\frac{1}{2}\sqrt{2^2+2^2+(2\sqrt{3})^2}=\sqrt{5}$.

故三棱锥A-BCD的外接球的体积$V=\frac{4}{3}\pi \times (\sqrt{5})^3=\frac{20\sqrt{5}}{3}\pi$.

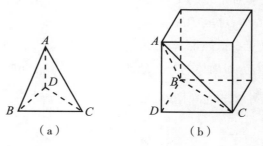

（a）　（b）

图 2.107

例2.40　在《九章算术》中，将四个面都为直角三角形的三棱锥称为鳖臑. 已知在鳖臑M-ABC中，$MA \perp$平面ABC，$MA=AB=BC=2$，则该鳖臑的外接球的表面积为多少？

【分析】

根据M-ABC四个面都为直角三角形，$MA \perp$平面ABC，$MA=AB=BC=2$，可得$AC=2\sqrt{2}$，从而可得$MC=2\sqrt{3}$，即可求解该鳖臑的外接球的半径，由此能求出该鳖臑的外接球的表面积.

【解答】

因为M-ABC四个面都为直角三角形，$MA \perp$平面ABC，$MA=AB=BC=2$，所以$AC=2\sqrt{2}$，从而可得$MC=2\sqrt{3}$.

又因为$\triangle ABC$是等腰直角三角形，所以外接圆的半径为$\frac{1}{2}AC=\sqrt{2}$.

外接球的球心到平面ABC的距离为$\dfrac{AM}{2}=1$. 可得外接球的半径$R=\sqrt{2+1}=\sqrt{3}$.

故外接球表面积$S=4\pi \times 3=12\pi$.

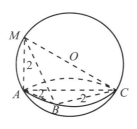

图 2.108

拓展 Expansion

类型8　锥体的内切球问题

题设：求正三棱锥的内切球半径.

方法：如图2.109所示.

第一步，先画出内切球的截面图，如图2.109所示，作$PH\perp$平面ABC，P，O，H三点共线.

第二步，作$OE\perp$平面PAC，连接PE，BH并长交于点D，$DH=\dfrac{1}{3}BD$，$PO=PH-r$.

第三步，由$\triangle POE$相似于$\triangle PDH$，建立等式$\dfrac{OE}{DH}=\dfrac{PO}{PD}$，解出$r$.

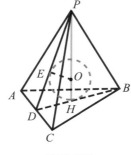

图 2.109

题设：求正棱锥的内切球半径.

方法：如图2.110所示.

第一步，先画出内切球的截面图，如图2.110所示，P，O，H三点共线.

第二步，求$HF=\frac{1}{2}BC$，$PO=PH-r$，PF为侧面$\triangle PCD$的高.

第三步，由$\triangle POG$相似于$\triangle PFH$，建立等式$\frac{OG}{FH}=\frac{PO}{PF}$，解出$r$.

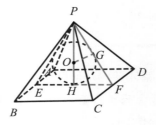

图 2.110

题设：求任意三棱锥的内切球半径（等体积法）.

方法：如图2.111所示.

第一步，先求出四个表面的面积和整个锥体的体积.

第二步，设内切球半径为r，建立等式

$$V_{P\text{-}ABC}=V_{O\text{-}ABC}+V_{O\text{-}PAB}+V_{O\text{-}PAC}+V_{O\text{-}PBC}$$

$$\Rightarrow V_{P\text{-}ABC}=\frac{1}{3}\left(S_{ABC}+S_{PAB}+S_{PAC}+S_{PBC}\right)r$$

第三步，解出

$$r = \frac{3V_{P-ABC}}{S_{ABC} + S_{PAB} + S_{PAC} + S_{PBC}}$$

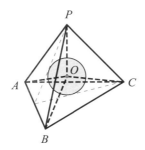

图 2.111

例题 Examples

例2.41　已知正四棱锥的侧棱长为 $\sqrt{5}$，底面边长为2，则该四棱锥的内切球的体积为多少？

【分析】

首先求出四棱锥的体积，进一步利用四棱锥和内切球的关系求出内切球的半径，最后求出球的体积.

【解答】

正四棱锥的侧棱长为 $\sqrt{5}$，底面边长为2.

如图2.112所示，由题意得 $AG=\sqrt{(\sqrt{5})^2-(\sqrt{2})^2}=\sqrt{3}$.

所以 $V_{A-BCDE}=\dfrac{1}{3}\times2\times2\times\sqrt{3}=\dfrac{4\sqrt{3}}{3}$.

在 $\triangle ABE$ 中，因为 $AB=AE=\sqrt{5}$，$BE=2$，所以 $S_{\triangle ABE}=\dfrac{1}{2}\times2\times\sqrt{(\sqrt{5})^2-1^2}=2$.

设内切球的半径为r，可得$V_{A\text{-}BCDE}=4\times\dfrac{1}{3}\times S_{\triangle ABE}\times r+\dfrac{1}{3}\times S_{BCDE}\times r$.

解得$r=\dfrac{\sqrt{3}}{3}$，所以$V_{球}=\dfrac{4}{3}\cdot\pi\cdot\left(\dfrac{\sqrt{3}}{3}\right)^{3}=\dfrac{4\sqrt{3}\pi}{27}$.

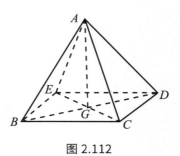

图 2.112

例2.42 正四棱锥$P\text{-}ABCD$的各条棱长均为2，则该四棱锥的内切球的表面积为多少?

【分析】

设四棱锥的内切球的半径为r，由题可得$\dfrac{1}{3}\times 2\times 2\times\sqrt{2}=\dfrac{1}{3}\times 2\times 2r+4\times\dfrac{1}{3}\times\sqrt{3}r$，进而即得.

【解答】

如图2.113所示，设底面的中心为E，连接CE，PE，则$CE=\sqrt{2}$，$PE=\sqrt{2}$.

设四棱锥的内切球的半径为r，连接OA，OB，OC，OD，OP，得到四个三棱锥和一个四棱锥，它们的高均为r.

则$V_{P\text{-}ABCD}=V_{O\text{-}ABCD}+V_{O\text{-}PAB}+V_{O\text{-}PBC}+V_{O\text{-}PCD}+V_{O\text{-}PAD}$.

即$\dfrac{1}{3}\times 2\times 2\times\sqrt{2}=\dfrac{1}{3}\times 2\times 2r+4\times\dfrac{1}{3}\times\sqrt{3}r$，解得$r=\dfrac{\sqrt{2}(\sqrt{3}-1)}{2}$.

故该四棱锥的内切球的表面积为$4\pi r^{2}=(8-4\sqrt{3})\pi$.

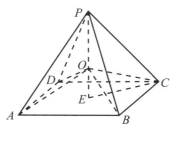

图 2.113

例2.43　已知正三棱锥A-BCD的底面是边长为$2\sqrt{3}$的等边三角形，其内切球的表面积为π，且和各侧面分别相切于点F，M，N三点，则$\triangle FMN$的周长为多少？

【分析】

设三棱锥A-BCD的内切球球心为点O，计算出正三棱锥A-BCD的高，可计算得出该三棱锥侧面上的高，计算出$\triangle FMN$的边长，分析可知$\triangle FMN$为等边三角形，即可得解.

【解答】

如图2.114所示，设三棱锥A-BCD的内切球球心为点O，设球O切三棱锥的侧面ACD于点F.

取CD的中点E，连接BE，设正$\triangle BCD$的中心为点G，则G在线段BE上.

设AG=h，$\triangle BCD$的外接圆半径BG=$\dfrac{2\sqrt{3}}{2\sin 60°}$=$2$，则$GE$=$\dfrac{1}{2}BG$=$1$.

设球O的半径为r，则$4\pi r^2$=π，可得r=$\dfrac{1}{2}$，即OF=OG=$\dfrac{1}{2}$.

由正棱锥的性质可知$AG\perp$平面BCD，因为$BE\subset$平面BCD，所以$AG\perp BE$，故AE=$\sqrt{AG^2+GE^2}$=$\sqrt{h^2+1}$.

因为$OF\perp AE$，所以$\sin\angle EAG$=$\dfrac{OF}{OA}$=$\dfrac{GE}{AE}$.

即 $\dfrac{\dfrac{1}{2}}{h-\dfrac{1}{2}}=\dfrac{1}{\sqrt{h^2+1}}$ ，解得$h=\dfrac{4}{3}$．

所以$OA=AG-OG=\dfrac{4}{3}-\dfrac{1}{2}=\dfrac{5}{6}$．

故$AF=\sqrt{AO^2-OF^2}=\sqrt{\left(\dfrac{5}{6}\right)^2-\left(\dfrac{1}{2}\right)^2}=\dfrac{2}{3}$．

取BC的中点H，连接AH，EH，设球O切侧面ABC于点M，连接FM．

同理可得$AM=\dfrac{2}{3}$，$AH=AE=\sqrt{AG^2+GE^2}=\dfrac{5}{3}$．

因为H，E分别为BC，CD的中点，则$EH=\dfrac{1}{2}BD=\sqrt{3}$．

因为$\dfrac{AF}{AE}=\dfrac{AM}{AH}=\dfrac{2}{5}$，所以$FM/\!/EH$，且$\dfrac{FM}{EH}=\dfrac{AF}{AE}=\dfrac{2}{5}$．

故$FM=\dfrac{2}{5}EH=\dfrac{2\sqrt{3}}{5}$．

设BD的中点为Q，连接EQ，HQ，则$EQ=HQ=EH=\sqrt{3}$．
故$\triangle EHQ$为等边三角形．易知$\triangle FMN$为等边三角形．

故$\triangle FMN$的周长为$3\times\dfrac{2\sqrt{3}}{5}=\dfrac{6\sqrt{3}}{5}$．

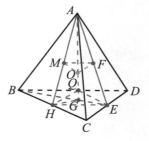

图 2.114

1. 如图所示，在四棱锥P-$ABCD$中，$\triangle PAB$与$\triangle PBC$是正三角形，平面$PAB\perp$平面PBC，$AC\perp BD$，则下列结论不一定成立的是（　　　　）.

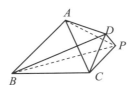

A. $PB\perp AC$
B. $PD\perp$平面$ABCD$
C. $AC\perp PD$
D. 平面$PBD\perp$平面$ABCD$

2. 如图所示，已知四棱锥P-$ABCD$中，$PA\perp$底面$ABCD$，且底面$ABCD$为矩形，则下列结论错误的是（　　　　）.

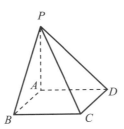

A. 平面$PAB\perp$平面PAD
B. 平面$PAB\perp$平面PBC
C. 平面$PBC\perp$平面PCD
D. 平面$PCD\perp$平面PAD

3. 如图所示，在$Rt\triangle ABC$中，$\angle ABC=90°$，P为$\triangle ABC$所在平面外一点，$PA\perp$平面ABC，则四面体P-ABC中的直角三角形的个数为（　　　　）.

A. 4　　　　　　B. 3　　　　　　C. 2　　　　　　D. 1

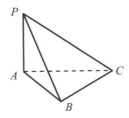

4. 已知互相垂直的平面 α，β 交于直线 l，若直线 m，n 满足 $m // \alpha$，$n \perp \beta$，则（　　）.

A. $m // l$　　　　B. $m // n$　　　　C. $n \perp l$　　　　D. $m \perp n$

5. 下列四个命题中，其中错误的有（　　）.
① 垂直于同一条直线的两条直线相互平行；
② 垂直于同一个平面的两条直线相互平行；
③ 垂直于同一条直线的两个平面相互平行；
④ 垂直于同一个平面的两个平面相互平行.

A. 1 个　　　　B. 2 个　　　　C. 3 个　　　　D. 4 个

6. 如图所示，在长方体 $ABCD\text{-}A_1B_1C_1D_1$ 中，$AA_1=2AB$，$AB=BC$，则下列结论正确的是（　　）.

A. $BD_1 // B_1C$　　　　　　　　B. $A_1D_1 //$ 平面 AB_1C
C. $BD_1 \perp AC$　　　　　　　　D. $BD_1 \perp$ 平面 AB_1C

7. 给出下列条件（其中 l 为直线，α 为平面）：
① l 垂直于 α 内一五边形的两条边；② l 垂直于 α 内三条不全平行的直线；
③ l 垂直于 α 内无数条直线；④ l 垂直于 α 内正六边形的三条边.
其中是 $l \perp \alpha$ 的充分条件的所有序号为 _____.

8. 下列命题中，正确的有 _____.
① 若两条直线和第三条直线所成的角相等，则这两条直线相互平行；
② 若两条直线都和第三条直线垂直，则这两条直线互相平行；

③若已知平面$\alpha\perp$平面γ，平面$\beta\perp$平面γ，$\alpha\cap\beta=l$，则$l\perp\gamma$；

④一个平面α内两条不平行的直线都平行于另一平面β，则$\alpha//\beta$；

⑤过$\triangle ABC$所在平面α外一点P，作$PO\perp\alpha$，垂足为O，连接PA，PB，PC，若有$PA=PB=PC$，则点O是$\triangle ABC$的内心；

⑥垂直于同一条直线的两个平面互相平行.

9. 如图所示，在三棱柱$ABC\text{-}A_1B_1C_1$中，底面ABC是边长为$2\sqrt{2}$的等边三角形，$BB_1=4$，$A_1C_1\perp BB_1$，且$\angle A_1B_1B=45°$. 证明：平面$BCC_1B_1\perp$平面ABB_1A_1.

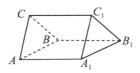

10. 如图所示，在四棱锥$P\text{-}ABCD$中，底面$ABCD$为直角梯形，$AD//BC$，$\angle ADC=90°$，平面$PAD\perp$底面$ABCD$. Q为AD的中点，M是棱PC上的点，$PA=PD=2$，$BC=\dfrac{AD}{2}=1$，$CD=\sqrt{3}$.

（1）求证：平面$PBC\perp$平面PQB；

（2）若平面QMB与平面PDC所成的锐二面角的大小为$60°$，求PM的长.

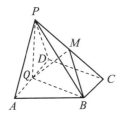

11. 如图所示，在正方体$ABCD\text{-}A_1B_1C_1D_1$中，O是正方形BCC_1B_1的中心，求证：（1）$BC_1\perp DO$；（2）$A_1C\perp$平面AB_1D_1.

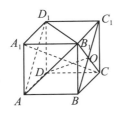

Summary

章末总结

知识图谱
Knowledge Graph

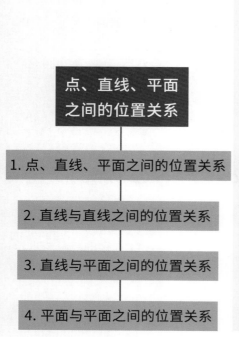

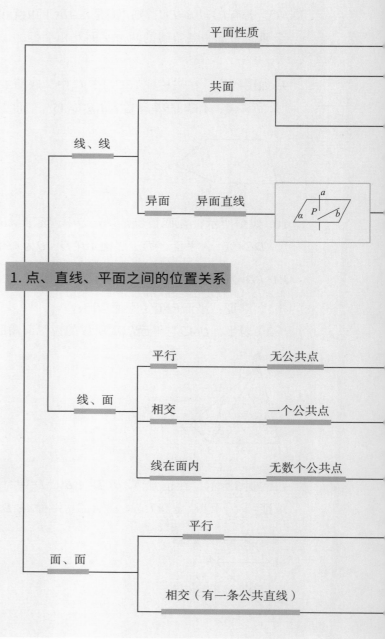

点、直线、平面之间的位置关系

1. 点、直线、平面之间的位置关系

2. 直线与直线之间的位置关系

3. 直线与平面之间的位置关系

4. 平面与平面之间的位置关系

平面性质

共面

线、线

异面　异面直线

1. 点、直线、平面之间的位置关系

线、面

平行　　　　无公共点

相交　　　　一个公共点

线在面内　　无数个公共点

面、面

平行

相交（有一条公共直线）

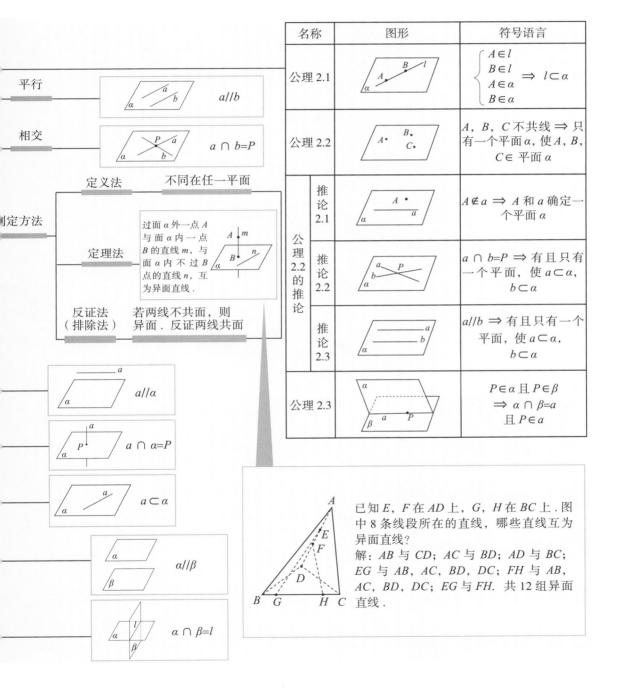

名称	图形	符号语言
公理 2.1		$\begin{cases} A \in l \\ B \in l \\ A \in \alpha \\ B \in \alpha \end{cases} \Rightarrow l \subset \alpha$
公理 2.2		A，B，C 不共线 $\Rightarrow$ 只有一个平面 α，使 A，B，$C \in$ 平面 α
公理 2.2 的推论	推论 2.1	$A \notin a \Rightarrow A$ 和 a 确定一个平面 α
	推论 2.2	$a \cap b = P \Rightarrow$ 有且只有一个平面，使 $a \subset \alpha$，$b \subset \alpha$
	推论 2.3	$a // b \Rightarrow$ 有且只有一个平面，使 $a \subset \alpha$，$b \subset \alpha$
公理 2.3		$P \in \alpha$ 且 $P \in \beta$ $\Rightarrow$ $\alpha \cap \beta = a$ 且 $P \in a$

已知 E，F 在 AD 上，G，H 在 BC 上．图中 8 条线段所在的直线，哪些直线互为异面直线？

解：AB 与 CD；AC 与 BD；AD 与 BC；EG 与 AB，AC，BD，DC；FH 与 AB，AC，BD，DC；EG 与 FH．共 12 组异面直线．

平行　　　　　　公理

2. 直线与直线之间的位置关系　　　　　　垂直　　三垂线

点、直线、平面之间的位置关系

1. 点、直线、平面之间的位置关系

2. 直线与直线之间的位置关系

3. 直线与平面之间的位置关系

4. 平面与平面之间的位置关系

异面直线所成的角　　　　　　范围 $0° < \alpha \leqslant 90°$

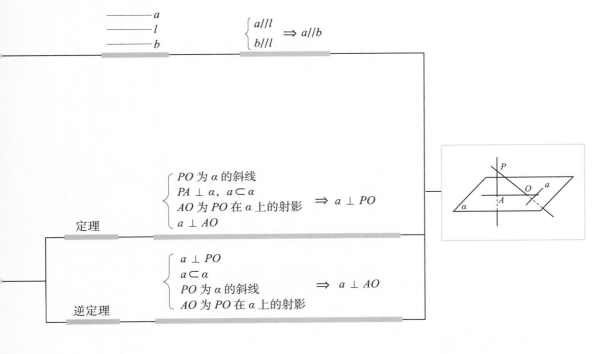

$$\begin{cases} a/\!/l \\ b/\!/l \end{cases} \Rightarrow a/\!/b$$

定理

$$\begin{cases} PO \text{ 为 } \alpha \text{ 的斜线} \\ PA \perp \alpha,\ a \subset \alpha \\ AO \text{ 为 } PO \text{ 在 } \alpha \text{ 上的射影} \\ a \perp AO \end{cases} \Rightarrow a \perp PO$$

逆定理

$$\begin{cases} a \perp PO \\ a \subset \alpha \\ PO \text{ 为 } \alpha \text{ 的斜线} \\ AO \text{ 为 } PO \text{ 在 } \alpha \text{ 上的射影} \end{cases} \Rightarrow a \perp AO$$

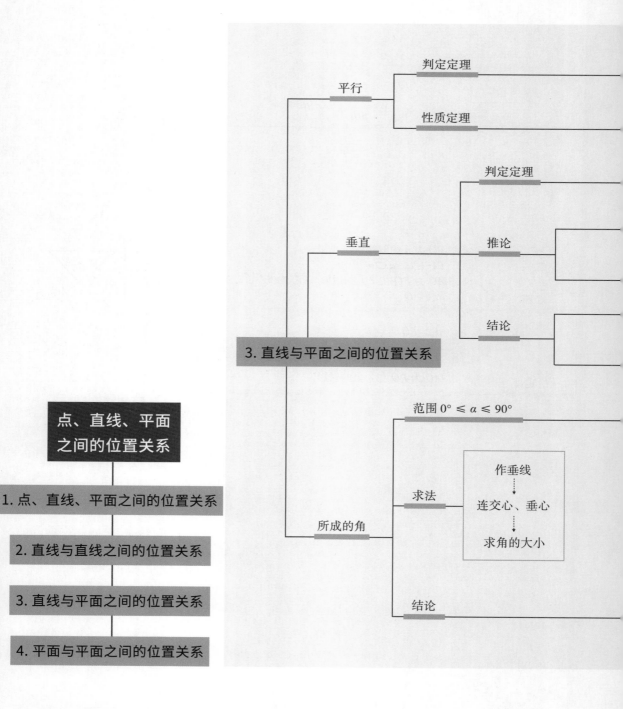

点、直线、平面
之间的位置关系

1. 点、直线、平面之间的位置关系

2. 直线与直线之间的位置关系

3. 直线与平面之间的位置关系

4. 平面与平面之间的位置关系

平行 —— 判定定理

性质定理

垂直 —— 判定定理

推论

结论

3. 直线与平面之间的位置关系

所成的角 —— 范围 $0° \leqslant \alpha \leqslant 90°$

求法 —— 作垂线 → 连交心、垂心 → 求角的大小

结论

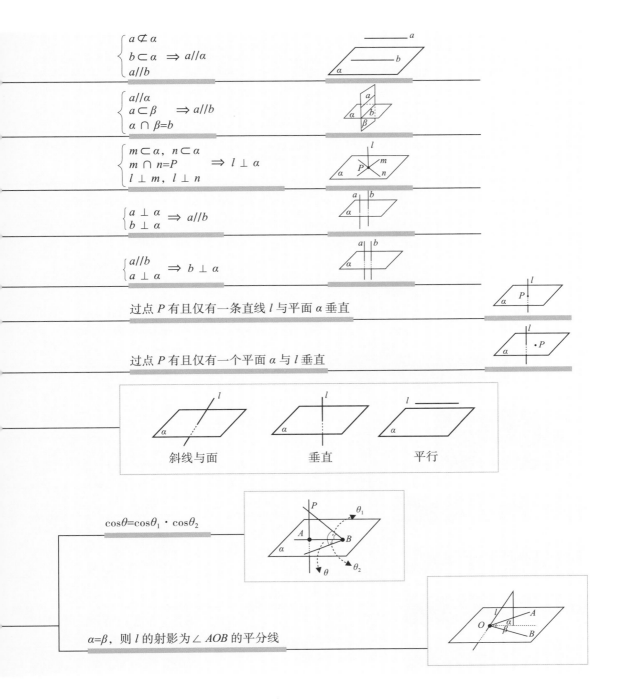

$$\begin{cases} a \not\subset \alpha \\ b \subset \alpha \\ a//b \end{cases} \Rightarrow a//\alpha$$

$$\begin{cases} a//\alpha \\ a \subset \beta \\ \alpha \cap \beta = b \end{cases} \Rightarrow a//b$$

$$\begin{cases} m \subset \alpha, \ n \subset \alpha \\ m \cap n = P \\ l \perp m, \ l \perp n \end{cases} \Rightarrow l \perp \alpha$$

$$\begin{cases} a \perp \alpha \\ b \perp \alpha \end{cases} \Rightarrow a//b$$

$$\begin{cases} a//b \\ a \perp \alpha \end{cases} \Rightarrow b \perp \alpha$$

过点 P 有且仅有一条直线 l 与平面 α 垂直

过点 P 有且仅有一个平面 α 与 l 垂直

斜线与面   垂直   平行

$\cos\theta = \cos\theta_1 \cdot \cos\theta_2$

$\alpha = \beta$，则 l 的射影为 $\angle AOB$ 的平分线

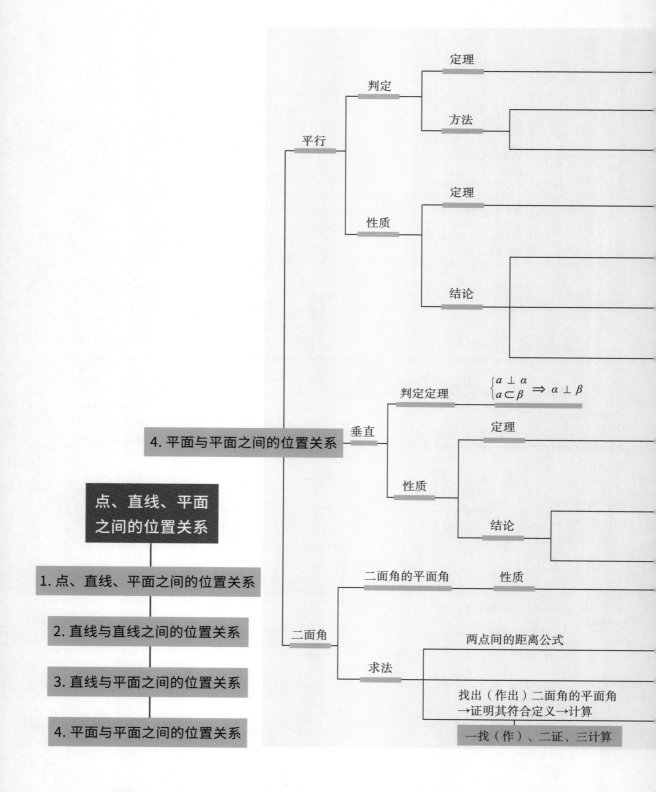

点、直线、平面
之间的位置关系

1. 点、直线、平面之间的位置关系

2. 直线与直线之间的位置关系

3. 直线与平面之间的位置关系

4. 平面与平面之间的位置关系

4. 平面与平面之间的位置关系

平行

判定

定理

方法

性质

定理

结论

垂直

判定定理

$\begin{cases} a \perp \alpha \\ a \subset \beta \end{cases} \Rightarrow \alpha \perp \beta$

性质

定理

结论

二面角

二面角的平面角

性质

求法

两点间的距离公式

找出（作出）二面角的平面角
→证明其符合定义→计算

一找（作）、二证、三计算

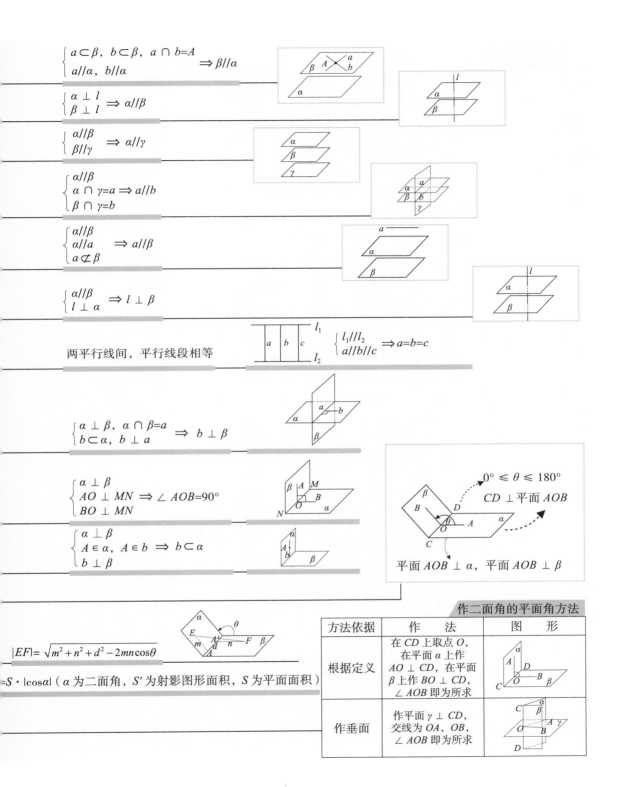

$$\begin{cases} a\subset\beta,\ b\subset\beta,\ a\cap b=A \\ a//\alpha,\ b//\alpha \end{cases} \Rightarrow \beta//\alpha$$

$$\begin{cases} \alpha\perp l \\ \beta\perp l \end{cases} \Rightarrow \alpha//\beta$$

$$\begin{cases} \alpha//\beta \\ \beta//\gamma \end{cases} \Rightarrow \alpha//\gamma$$

$$\begin{cases} \alpha//\beta \\ \alpha\cap\gamma=a \Rightarrow a//b \\ \beta\cap\gamma=b \end{cases}$$

$$\begin{cases} \alpha//\beta \\ \alpha//a \Rightarrow a//\beta \\ a\not\subset\beta \end{cases}$$

$$\begin{cases} \alpha//\beta \\ l\perp\alpha \end{cases} \Rightarrow l\perp\beta$$

两平行线间，平行线段相等

$$\begin{cases} l_1//l_2 \\ a//b//c \end{cases} \Rightarrow a=b=c$$

$$\begin{cases} \alpha\perp\beta,\ \alpha\cap\beta=a \\ b\subset\alpha,\ b\perp a \end{cases} \Rightarrow b\perp\beta$$

$$\begin{cases} \alpha\perp\beta \\ AO\perp MN \Rightarrow \angle AOB=90° \\ BO\perp MN \end{cases}$$

$$\begin{cases} \alpha\perp\beta \\ A\in\alpha,\ A\in b \Rightarrow b\subset\alpha \\ b\perp\beta \end{cases}$$

$0°\leqslant\theta\leqslant180°$

$CD\perp$ 平面 AOB

平面 $AOB\perp\alpha$，平面 $AOB\perp\beta$

$$|EF|=\sqrt{m^2+n^2+d^2-2mn\cos\theta}$$

$=S\cdot|\cos\alpha|$（α 为二面角，S' 为射影图形面积，S 为平面面积）

作二面角的平面角方法

方法依据	作　法	图　形
根据定义	在 CD 上取点 O，在平面 α 上作 $AO\perp CD$，在平面 β 上作 $BO\perp CD$，$\angle AOB$ 即为所求	
作垂面	作平面 $\gamma\perp CD$，交线为 OA、OB，$\angle AOB$ 即为所求	

一、选择题

1. 已知直线 $l \perp$ 平面 α，直线 $m \subset$ 平面 β，给出下列命题：

① $\alpha /\!/ \beta \Rightarrow l \perp m$； ② $\alpha \perp \beta \Rightarrow l /\!/ m$；

③ $l /\!/ m \Rightarrow \alpha \perp \beta$； ④ $l \perp m \Rightarrow \alpha /\!/ \beta$.

其中正确命题的序号是（　　）.

A. ①②③ B. ②③④ C. ①③ D. ②④

2. 已知 m，n 是两条不同的直线，α，β 是两个不同的平面，则下列命题中正确的是（　　）.

A. 若 α，β 垂直于同一平面，则 α 与 β 平行

B. 若 m，n 平行于同一平面，则 m 与 n 平行

C. 若 α，β 不平行，则在 α 内不存在与 β 平行的直线

D. 若 m，n 不平行，则 m 与 n 不可能垂直于同一平面

3. 设 m，n 是两条不同的直线，α，β 是两个不同的平面，则（　　）.

A. 若 $m \perp n$，$n /\!/ \alpha$，则 $m \perp \alpha$

B. 若 $m /\!/ \beta$，$\beta \perp \alpha$，则 $m \perp \alpha$

C. 若 $m \perp \beta$，$n \perp \beta$，$n \perp \alpha$，则 $m \perp \alpha$

D. 若 $m \perp n$，$n \perp \beta$，$\beta \perp \alpha$，则 $m \perp \alpha$

4. 设 α，β 是两个不同的平面，l，m 是两条不同的直线，且 $l \subset \alpha$，$m \subset \beta$，下列命题中正确的是（　　）.

A. 若 $l \perp \beta$，则 $\alpha \perp \beta$ B. 若 $\alpha \perp \beta$，则 $l \perp m$

C. 若 $l /\!/ \beta$，则 $\alpha /\!/ \beta$ D. 若 $\alpha /\!/ \beta$，则 $l /\!/ m$

5. 已知 m，n 是两条不同的直线，α，β，γ 是三个不同的平面，下列命题中正确的是（　　）.

A. 若 $m /\!/ \alpha$，$n /\!/ \alpha$，则 $m /\!/ n$ B. 若 $\alpha \perp \gamma$，$\beta \perp \gamma$，则 $\alpha /\!/ \beta$

C. 若 $m /\!/ \alpha$，$m /\!/ \beta$，则 $\alpha /\!/ \beta$ D. 若 $m \perp \alpha$，$n \perp \alpha$，则 $m /\!/ n$

6. 如图所示，在下列四个正方体中，A，B 为正方体的两个顶点，M，N，Q 为所在棱的中点，则在这四个正方体中，直线 AB 与平面 MNQ 不平行的是（　　）.

A.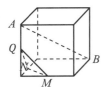

B.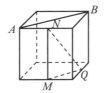

C.

D.

7. 已知a，b为两条直线，α，β为两个平面，给出下列四个命题：

① $a//b$，$a//\alpha \Rightarrow b//\alpha$；② $a \perp b$，$a \perp \alpha \Rightarrow b//\alpha$；

③ $a//\alpha$，$\beta//\alpha \Rightarrow a//\beta$；④ $a \perp \alpha$，$\beta \perp \alpha \Rightarrow a//\beta$.

其中不正确的有（ ）．

A. 1个   B. 2个   C. 3个   D. 4个

8. 在正方体$ABCD$-$A_1B_1C_1D_1$中，E，F，G分别是A_1B_1，B_1C_1，BB_1的中点，给出下列四个推断：

① $FG//$平面AA_1D_1D；

② $EF//$平面BC_1D_1；

③ $FG//$平面BC_1D_1；

④ 平面$EFG//$平面BC_1D_1.

其中推断正确的序号是（ ）．

A. ①③   B. ①④   C. ②③   D. ②④

9. 已知互相垂直的平面α，β交于直线l，若直线m，n满足$m//\alpha$，$n \perp \beta$，则（ ）．

A. $m//l$ B. $m//n$ C. $n \perp l$ D. $m \perp n$

10. 设m，n是两条不同的直线，α，β是两个不同的平面，下列命题中正确的是（ ）．

A. $m//\alpha$，$n//\beta$且$\alpha//\beta$，则$m//n$

B. $m \perp \alpha$，$n \perp \beta$且$\alpha \perp \beta$，则$m \perp n$

C. $m \perp \alpha$，$n \subset \beta$，$m \perp n$，则$\alpha \perp \beta$

D. $m \subset \alpha$，$n \subset \alpha$，$m//\beta$，$n//\beta$，则$\alpha//\beta$

11. 已知 m 和 n 是两条不同的直线，α 和 β 是两个不重合的平面，那么下面给出的条件中一定能推出 $m \perp \beta$ 的是（　　）.

A. $\alpha \perp \beta$，且 $m \subset \alpha$ B. $m // n$，且 $n \perp \beta$

C. $\alpha \perp \beta$，且 $m // \alpha$ D. $m \perp n$，且 $n // \beta$

12. 如图所示，点 P 在正方形 $ABCD$ 所在平面外，$PA \perp$ 平面 $ABCD$，$PA=AB$，则 PB 与 AC 所成的角为（　　）.

A. $90°$ B. $60°$ C. $45°$ D. $30°$

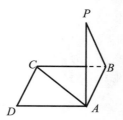

二、填空题

13. 如图所示，在三棱锥 $A\text{-}BCD$ 中，$AB=AC=BD=CD=3$，$AD=BC=2$，点 M，N 分别是 AD，BC 的中点，则异面直线 AN，CM 所成角的余弦值是_____.

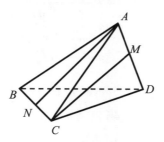

14. 如图所示，已知在平面四边形 $ABCD$ 中，$AB=BC=3$，$CD=1$，$AD=\sqrt{5}$，$\angle ADC=90°$，沿直线 AC 将 $\triangle ACD$ 翻折成 $\triangle ACD'$，直线 AC 与 BD' 所成角的余弦的最大值是_____.

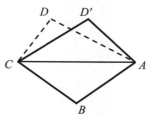

15. 下列五个正方体图形中，l是正方形的一条对角线，点 M，N，P 分别为其所在棱的中点，能得出$l \perp$平面MNP的图形的序号是_____（写出所有符合要求的图形序号）.

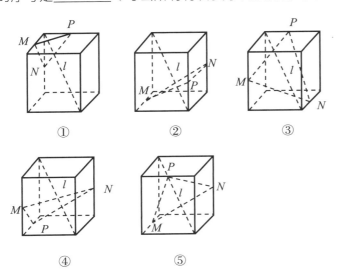

①　　　　②　　　　③

④　　　　⑤

16. 如图所示，在长方形$ABCD$中，$AB=2$，$BC=1$，E为DC的中点，F为线段EC（端点除外）上一动点. 现将$\triangle AFD$沿AF折起，使平面$ABD \perp$平面ABC，在平面ABD内过点D作$DK \perp AB$，K为垂足，设$AK=t$，则t的取值范围是_____.

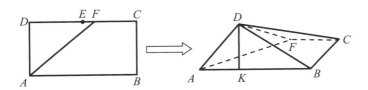

三、解答题

17. 如图，在棱长为1的正方体$ABCD$-$A_1B_1C_1D_1$中，E为AB的中点. 求：

（1）异面直线BD_1与CE所成角的余弦值；

（2）点A到平面A_1EC的距离.

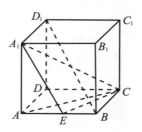

18．如图所示，直三棱柱的底面是等腰直角三角形，$AB=AC=1$，$\angle BAC=\dfrac{\pi}{2}$，高等于3，点$M_1$，$M_2$，$N_1$，$N_2$为所在线段的三等分点.

（1）求此三棱柱的体积和三棱锥$A_1\text{-}AM_1N_2$的体积；

（2）求异面直线A_1N_2，AM_1所成角的大小.

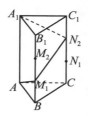

19．在四棱锥$P\text{-}ABCD$中，$\angle ABC=\angle ACD=90°$，$\angle BAC=\angle CAD=60°$，$PA\perp$平面$ABCD$，$E$为$PD$的中点，$PA=2AB=2$.

（1）求证：$PC\perp AE$；

（2）求证：CE//平面PAB；

（3）求三棱锥$P\text{-}ACE$的体积V.

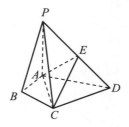

20. 在如图所示的几何体中，D 是 AC 的中点，$EF // DB$.

（1）已知 $AB=BC$，$AE=EC$，求证：$AC \perp FB$；

（2）已知 G，H 分别是 EC 和 FB 的中点，求证：$GH //$ 平面 ABC.

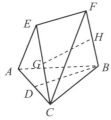

21. 如图所示，已知 $AA_1 \perp$ 平面 ABC，$BB_1 // AA_1$，$AB=AC=3$，$BC=2\sqrt{5}$，$AA_1=\sqrt{7}$，$BB_1=2\sqrt{7}$，点 E 和 F 分别为 BC 和 A_1C 的中点.

（1）求证：$EF //$ 平面 A_1B_1BA；

（2）求证：平面 $AEA_1 \perp$ 平面 BCB_1；

（3）求直线 A_1B_1 与平面 BCB_1 所成角的大小.

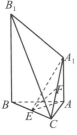

22. 如图所示，在三棱锥 $P-ABC$ 中，平面 $PAC \perp$ 平面 ABC，$\angle ABC=90°$，点 D，E 在线段 AC 上，且 $AD=DE=EC=2$，$PD=PC=4$，点 F 在线段 AB 上，且 $EF // BC$.

（1）证明：$AB \perp$ 平面 PFE；

（2）若四棱锥 $P-DFBC$ 的体积为 7，求线段 BC 的长.

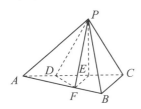

高考考纲

1. 理解空间直线、平面位置关系的定义，并了解可以作为推理依据的公理2.1、公理2.2、公理2.3、公理2.4和等角定理.

2. 以立体几何的上述定义、公理和定理为出发点，认识和理解空间中线面平行、垂直的有关性质与判定定理.

理解以下判定定理：

· 如果平面外一条直线与此平面内的一条直线平行，那么该直线与此平面平行.

· 如果一个平面内的两条相交直线与另一个平面都平行，那么这两个平面平行.

· 如果一条直线与一个平面内的两条相交直线都垂直，那么该直线与此平面垂直.

· 如果一个平面经过另一个平面的垂线，那么这两个平面互相垂直.

理解以下性质定理，并能够证明：

· 如果一条直线与一个平面平行，那么经过该直线的任一个平面与此平面的交线和该直线平行.

· 如果两个平行平面同时和第三个平面相交，那么它们的交线相互平行.

· 垂直于同一个平面的两条直线平行.

· 如果两个平面垂直，那么一个平面内垂直于它们交线的直线与另一个平面垂直.

3. 能运用公理、定理和已获得的结论证明一些空间图形的位置关系的简单命题.

考纲解读

在高考中本章主要考查平面的基本性质、异面直线、直线与直线、直线与平面、平面与平面五个部分，其中异面直线夹角的求解、二面角的几何法求解以及直线、平面位置关系的性质与判定是考查的重点．要求学生对异面直线与二面角的概念、平面公理以及直线、平面位置关系的性质与判定有全面的掌握，并且学会运用逻辑推理的方法推导与证明．

常见题型

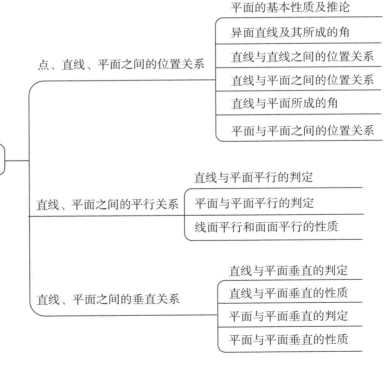

第3章

空间向量与立体几何

　　解决问题始终是学习数学的重要目标之一. 在学习研究立体几何的基本概念之后, 我们希望能用更有效的办法处理立体几何中图形的位置关系与度量问题.

　　本章将要学习的空间向量为处理立体几何问题提供了新的视角. 空间向量的引入, 为解决空间中图形的位置关系与度量问题提供了一个十分有效的工具. 带着以下几个问题, 思考空间向量在立体几何中的应用:

　　1. 根据平面向量的运算法则, 推测空间向量的运算法则.

　　2. 如何用空间向量解决立体几何中的问题? 如何用空间向量表示空间中的点、直线、平面之间的位置关系?

3.1　空间直角坐标系

3.1.1　空间直角坐标系

　　联想之前学习过的数轴及平面直角坐标系, 如图3.1所示, 其中数轴Ox上的点M可用与它对应的实数x表示.

　　直角坐标平面上的点M可以用一对有序实数 (x, y) 表示. 空间中的点, 是否可以通过同样的方法找出对应的有序实数?

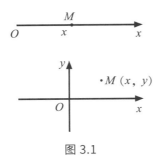

图 3.1

如图3.2所示，$OABC\text{-}D'A'B'C'$ 是单位正方体，以 O 为原点，分别以射线 OA，OC，OD' 的方向为正方向，线段 OA，OC，OD' 的长为单位长度，建立三条数轴：x 轴、y 轴、z 轴．这时我们说建立了一个空间直角坐标系 $O\text{-}xyz$，其中点 O 叫作坐标原点，x 轴、y 轴、z 轴叫作坐标轴，通过两个坐标轴的平面叫作坐标平面，分别称为 xOy 平面、yOz 平面、zOx 平面．

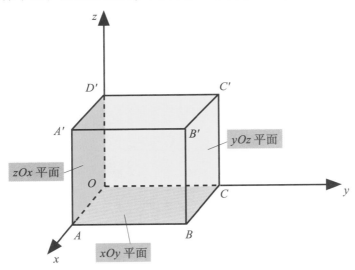

微件　图 3.2 | 空间直角坐标系——坐标平面

在空间直角坐标系中，让右手拇指指向 y 轴的正方向，食指指向 z 轴的正方向，中指指向 x 轴的正方向（图3.3），则称这个坐标系为右手直角坐标系．

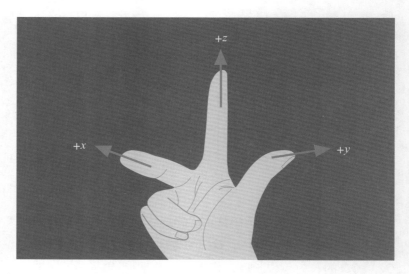

图 3.3

如图3.4所示，设点M是空间中的一个定点，过点M分别作垂直于x轴、y轴和z轴的平面，依次垂直于x轴、y轴和z轴于点P，Q，R．设点P，Q和R在x轴、y轴和z轴上的坐标分别是x，y和z，那么点M就对应唯一确定的有序实数组$(x，y，z)$．

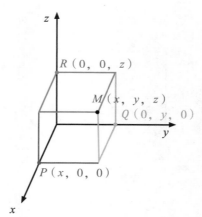

🖐微件　图 3.4│空间直角坐标系——点的坐标

反过来，给定有序实数组$(x，y，z)$，我们可以在x轴、y轴和z轴上依次取坐标为x，y和z的点P，Q和R，分别过P，Q和R各作一个平面，使其分别垂直于x轴、y轴和z轴，这三个平面的唯一交点就是由有序实数组$(x，y，z)$确定的点M．

这样空间中一点M的坐标可以用有序实数组(x, y, z)来表示，有序实数组(x, y, z)叫作点M在此空间直角坐标系中的坐标，记作$M(x, y, z)$. 其中x叫作点M的横坐标，y叫作点M的纵坐标，z叫作点M的竖坐标.

3.1.2　空间中两点间的距离

距离是几何中的基本度量，几何问题和一些实际问题经常涉及距离. 如图3.5所示，将灯泡与板凳边缘看成两点，能用两点的坐标表达这两点间的距离吗？

图 3.5

如图3.6所示，设任意一点P在空间直角坐标系中的坐标是(x, y, z)，求点P到坐标原点O的距离.

在xOy平面上，有$|OB| = \sqrt{x^2 + y^2}$. 在直角$\triangle OBP$中，根据勾股定理，有$|OP| = \sqrt{|OB|^2 + |BP|^2}$. 因为$|BP| = |z|$，所以$|OP| = \sqrt{x^2 + y^2 + z^2}$.

这说明，在空间直角坐标系中，任意一点$P(x, y, z)$与坐标原点O间的距离$|OP| = \sqrt{x^2 + y^2 + z^2}$.

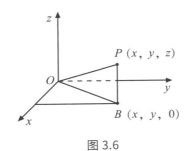

图 3.6

如图3.7所示，设点$P_1(x_1, y_1, z_1)$，$P_2(x_2, y_2, z_2)$是空间中的任意两点，且点P_1，P_2在xOy平面上的射影分别为M，N，那么M，N的坐标为$M(x_1, y_1, 0)$，$N(x_2, y_2, 0)$.

在xOy平面上，有$|MN|=\sqrt{(x_1-x_2)^2+(y_1-y_2)^2}$.

过点P_1作P_2N的垂线，垂足为H，则$|MP_1|=|z_1|$，$|NP_2|=|z_2|$，所以$|HP_2|=|z_2-z_1|$.

在直角$\triangle P_1HP_2$中，有$|P_1H|=|MN|=\sqrt{(x_1-x_2)^2+(y_1-y_2)^2}$，根据勾股定理，可得

$$|P_1P_2|=\sqrt{|P_1H|^2+|HP_2|^2}=\sqrt{(x_1-x_2)^2+(y_1-y_2)^2+(z_1-z_2)^2}$$

因此，空间中点$P_1(x_1, y_1, z_1)$，$P_2(x_2, y_2, z_2)$之间的距离为

$$|P_1P_2|=\sqrt{(x_1-x_2)^2+(y_1-y_2)^2+(z_1-z_2)^2}$$

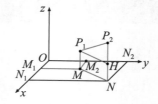

微件　图 3.7 | 空间中的两点距离

3.2 空间向量

3.2.1 空间向量的概念

与平面向量一样，在空间中，我们把具有大小和方向的量叫作空间向量（space vector），向量的大小叫作向量的长度或模（modulus）. 空间向量也可用有向线段表示，有向线

段的长度表示向量的模. 如图 3.8 所示，向量 **a** 的起点是 A，终点是 B，则向量 **a** 也可以记作 $\overrightarrow{AB}$，其模记为 $|\boldsymbol{a}|$ 或 $|\overrightarrow{AB}|$.

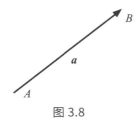

图 3.8

为方便起见，我们规定，长度为 0 的向量叫作零向量（zero vector），记为 **0**. 当有向线段的起点 A 与终点 B 重合时，$\overrightarrow{AB}=\boldsymbol{0}$.

模为 1 的向量称为单位向量（unit vector）. 与向量 **a** 长度相等、方向相反的向量，称为 **a** 的相反向量，记为 $-\boldsymbol{a}$.

方向相同且模相等的向量称为相等向量（equal vector）. 因此，在空间中，同向且等长的有向线段表示同一向量或相等向量. 空间任意两个向量都可以平移到同一个平面内，成为同一平面内的两个向量. 如图3.9所示，已知空间向量 **a**，**b**，我们可以把它们移到同一个平面 α 内，以任意点 O 为起点，作向量 $\overrightarrow{OA}=\boldsymbol{a}$，$\overrightarrow{OB}=\boldsymbol{b}$.

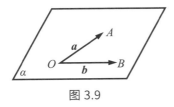

图 3.9

3.2.2 空间向量的加法、减法和数乘运算

由于空间中任意两个向量都可以通过平移转化为平面向量，因此我们可把平面向量的线性运算推广到空间中，用来定义空间向量的加法、减法和数乘运算.

例如，已知两个不平行的向量 $\boldsymbol{a}$，$\boldsymbol{b}$，作 $\overrightarrow{OA}=\boldsymbol{a}$，$\overrightarrow{OB}=\boldsymbol{b}$. 这时 O，A，B 三点不共线，于是这三点确定一个平面. 如图 3.10 所示，有以下结论：

$$\boldsymbol{a}+\boldsymbol{b}=\overrightarrow{OA}+\overrightarrow{OB}=\overrightarrow{OA}+\overrightarrow{AC}=\overrightarrow{OC};$$

$$\boldsymbol{a}-\boldsymbol{b}=\boldsymbol{a}+(-\boldsymbol{b})=\overrightarrow{OA}+\overrightarrow{AD}=\overrightarrow{OD}=\overrightarrow{BA}=\overrightarrow{OA}-\overrightarrow{OB};$$

当 $\lambda>0$ 时，$\lambda\boldsymbol{a}=\overrightarrow{QP}=\lambda\overrightarrow{OA}$；

当 $\lambda=0$ 时，$\lambda\boldsymbol{a}=\boldsymbol{0}$；

当 $\lambda<0$ 时，$\lambda\boldsymbol{a}=\overrightarrow{MN}=\lambda\overrightarrow{OA}$.

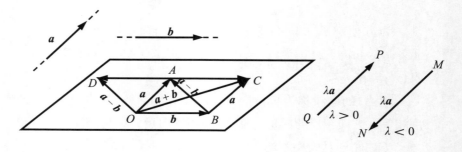

图 3.10

平面向量求和的三角形法则和平行四边形法则对空间向量也同样成立.

同样，我们也能把平面内多个向量的加法推广到空间内. 如图3.11所示，我们有

$$\overrightarrow{AB}+\overrightarrow{BC}+\overrightarrow{CC'}+\overrightarrow{C'D'}+\overrightarrow{D'A'}+\overrightarrow{A'B'}=\overrightarrow{AB'}$$

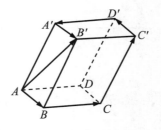

图 3.11

这就是说，表示相加向量的有向线段依次首尾相接，构

成的折线从首到尾的向量就是这些相加向量的和.

空间向量的加法和数乘向量运算与平面向量一样，满足如下运算律：

（1）加法交换律：$a+b=b+a$；

（2）加法结合律：$(a+b)+c=a+(b+c)$；

（3）分配律：$(\lambda+\mu)a=\lambda a+\mu a$，$\lambda(a+b)=\lambda a+\lambda b$.

如图3.13所示，我们有

$$\overrightarrow{AB}+\overrightarrow{AD}+\overrightarrow{AA'}=\overrightarrow{AB}+\overrightarrow{BC}+\overrightarrow{CC'}=\overrightarrow{AC'}$$

$$\overrightarrow{AB}+\overrightarrow{AA'}+\overrightarrow{AD}=\overrightarrow{AB}+\overrightarrow{BB'}+\overrightarrow{B'C'}=\overrightarrow{AC'}$$

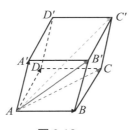

图 3.13

由上述可知，有限个向量求和，交换相加向量的顺序后其和不变，且三个不共面的向量的和等于以这三个向量为邻边的平行六面体的体对角线所表示的向量.

例题 Examples

例3.1 在空间中有三个向量 $\overrightarrow{AB}$，$\overrightarrow{BC}$，$\overrightarrow{CD}$，则 $\overrightarrow{AB}+\overrightarrow{BC}+\overrightarrow{CD}$ 最终可以合成的向量是什么？

【分析】

首先根据题意作图，如图3.14所示，然后由三角形法则，即可求得向量 $\overrightarrow{AB}$，$\overrightarrow{BC}$，$\overrightarrow{CD}$ 的和向量.

【解答】

如图3.14所示，易得 $\overrightarrow{AB}+\overrightarrow{BC}+\overrightarrow{CD}=\overrightarrow{AC}+\overrightarrow{CD}=\overrightarrow{AD}$.

【思考】
Thinking

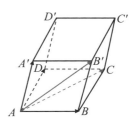

图 3.12

如图 3.12 所示，在平行六面体（底面是平行四边形的四棱柱）$ABCD\text{-}A'B'C'D'$ 中，分别标出 $\overrightarrow{AB}+\overrightarrow{AD}+\overrightarrow{AA'}$，$\overrightarrow{AB}+\overrightarrow{AA'}+\overrightarrow{AD}$ 表示的向量，从中你能体会向量加法运算的交换律及结合律吗？一般地，三个不共面的向量的和与这三个向量有什么关系？

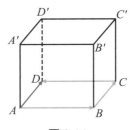

图 3.14

3.2.3　空间向量的基本定理

1. 共线向量定理

两个平面向量共线的判定与性质，对于空间向量仍成立：

定理3.1　两个空间向量a，b（$b\neq 0$），$a//b$的充要条件是存在唯一的实数λ，使$a=\lambda b$.

2. 共面向量定理

已知向量a，作$\overrightarrow{OA}=a$. 如果a的基线OA平行于平面α或在α内，则说向量a平行于平面α，记作$a//\alpha$，如图3.15所示.

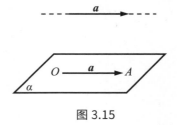

图 3.15

通常我们把平行于同一平面的向量，叫作共面向量. 任意两个空间向量总是共面的，但任意三个空间向量就不一定共面了.

定理3.2　如果两个向量a，b不共线，则向量c与向量a，b共面的充要条件是存在唯一的一对实数λ，μ，使$c=\lambda a+\mu b$.

证明：（1）必要性. 如果向量c与向量a，b共面，我们总可以通过平移的方式，使它们位于同一平面内. 由平面向量的基本定理可知，一定存在唯一的有序实数对λ，μ，使$c=\lambda a+\mu b$.

（2）充分性. 如果c满足关系式$c=\lambda a+\mu b$，则可选定一点O（图3.16），作$\overrightarrow{OA}=\lambda a$，$\overrightarrow{OB}=\overrightarrow{AC}=\mu b$，于是$\overrightarrow{OC}=\overrightarrow{OA}+\overrightarrow{AC}=\lambda a+\mu b=c$.

显然，$\overrightarrow{OA}$，$\overrightarrow{OB}$，$\overrightarrow{OC}$都在平面OAB内，这就说明c与a，b共面.

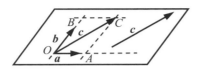

图 3.16

例题 Examples

例3.2 对于空间中的三个向量a，b，$2a-b$，它们一定是共面向量吗？

【分析】

由$2a-b$可用向量a，b线性表示，即可判断出空间中的三个向量a，b，$2a-b$是共面向量.

【解答】

因为$2a-b$可用向量a，b线性表示，所以对于空间中的三个向量a，b，$2a-b$，它们一定是共面向量.

例3.3 已知点A（1，−2，11），B（4，2，3），C（x，y，15）三点共线，那么x，y的值分别是多少？

【分析】

因为点A（1，−2，11），B（4，2，3），C（x，y，15）三点共线，故构造两个向量$\overrightarrow{AB}$，$\overrightarrow{AC}$共线，根据空间中两个向量共线的充要条件即可求得x，y的值.

【解答】

因为点A（1，−2，11），B（4，2，3），C（x，y，15）三点共线，所以$\overrightarrow{AB}/\!/\overrightarrow{AC}$.

而$\overrightarrow{AB}$=（3，4，−8），$\overrightarrow{AC}$=（x−1，y+2，4），所以$\overrightarrow{AB}=\lambda\overrightarrow{AC}$，即（3，4，−8）=$\lambda$（$x$−1，$y$+2，4），因此

$$\begin{cases} \lambda(x-1)=3 \\ \lambda(y+2)=4 \\ 4\lambda=-8 \end{cases}$$

解得$x=-\dfrac{1}{2}$，$y=-4$.

3.2.4　空间向量运算的坐标表示

通过对平面向量的学习可知，向量$\boldsymbol{a}$在平面上可用有序数对(x,y)表示，在空间中则可用有序实数组(x,y,z)表示．类比平面向量的坐标运算，我们可以得出空间向量的加法、减法、数乘及数量积运算的坐标表示．

设
$$\boldsymbol{a}=(a_1,a_2,a_3)，\qquad \boldsymbol{b}=(b_1,b_2,b_3)$$
则
$$\boldsymbol{a}+\boldsymbol{b}=(a_1+b_1,a_2+b_2,a_3+b_3)$$
$$\boldsymbol{a}-\boldsymbol{b}=(a_1-b_1,a_2-b_2,a_3-b_3)$$
$$\lambda\boldsymbol{a}=(\lambda a_1,\lambda a_2,\lambda a_3)$$
$$\boldsymbol{a}\cdot\boldsymbol{b}=a_1b_1+a_2b_2+a_3b_3$$

下面我们对向量的数量积运算加以证明．

设$\boldsymbol{i}$，$\boldsymbol{j}$，$\boldsymbol{k}$为两两垂直的单位向量，则
$$\boldsymbol{a}=a_1\boldsymbol{i}+a_2\boldsymbol{j}+a_3\boldsymbol{k}，\qquad \boldsymbol{b}=b_1\boldsymbol{i}+b_2\boldsymbol{j}+b_3\boldsymbol{k}$$
所以
$$\boldsymbol{a}\cdot\boldsymbol{b}=(a_1\boldsymbol{i}+a_2\boldsymbol{j}+a_3\boldsymbol{k})\cdot(b_1\boldsymbol{i}+b_2\boldsymbol{j}+b_3\boldsymbol{k})$$
利用向量数量积的分配律以及
$$\boldsymbol{i}\cdot\boldsymbol{i}=\boldsymbol{j}\cdot\boldsymbol{j}=\boldsymbol{k}\cdot\boldsymbol{k}=1，\qquad \boldsymbol{i}\cdot\boldsymbol{j}=\boldsymbol{j}\cdot\boldsymbol{k}=\boldsymbol{k}\cdot\boldsymbol{i}=0$$
即可得出
$$\boldsymbol{a}\cdot\boldsymbol{b}=a_1b_1+a_2b_2+a_3b_3$$
类似于平面向量运算的坐标表示，我们还可以得到
$$\boldsymbol{a}//\boldsymbol{b}\Leftrightarrow \boldsymbol{a}=\lambda\boldsymbol{b}\Leftrightarrow a_1=\lambda b_1,\ a_2=\lambda b_2,\ a_3=\lambda b_3\ (\lambda\in\mathbf{R})$$
$$\boldsymbol{a}\perp\boldsymbol{b}\Leftrightarrow \boldsymbol{a}\cdot\boldsymbol{b}=0\Leftrightarrow a_1b_1+a_2b_2+a_3b_3=0$$
$$|\boldsymbol{a}|=\sqrt{\boldsymbol{a}\cdot\boldsymbol{a}}=\sqrt{a_1^2+a_2^2+a_3^2}$$

$$\cos \langle \boldsymbol{a} \cdot \boldsymbol{b} \rangle = \frac{\boldsymbol{a} \cdot \boldsymbol{b}}{|\boldsymbol{a}||\boldsymbol{b}|} = \frac{a_1 b_1 + a_2 b_2 + a_3 b_3}{\sqrt{a_1^2 + a_2^2 + a_3^2}\sqrt{b_1^2 + b_2^2 + b_3^2}}$$

在空间直角坐标系中，如图3.17所示，已知点$A(a_1, b_1, c_1)$，$B(a_2, b_2, c_2)$，则A，B两点间的距离为

$$d_{AB} = |\overrightarrow{AB}| = \sqrt{(a_2-a_1)^2 + (b_2-b_1)^2 + (c_2-c_1)^2}$$

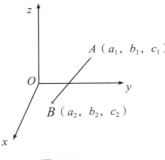

图 3.17

空间向量的运算与向量的坐标表示结合，不仅能够解决夹角与距离的计算问题，还可以更简单、快捷地解决一些常见问题.

例题 Examples

例3.4 在空间直角坐标系$O\text{-}xyz$中，下列说法正确的是哪些？

① 向量$\overrightarrow{AB}$的坐标与点B的坐标相同；

② 向量$\overrightarrow{AB}$的坐标与点A的坐标相同；

③ 向量$\overrightarrow{AB}$的坐标与向量$\overrightarrow{OB}$的坐标相同；

④ 向量$\overrightarrow{AB}$的坐标与向量$\overrightarrow{OB}-\overrightarrow{OA}$的坐标相同.

【分析】

由空间向量的坐标运算法则知$\overrightarrow{AB}=\overrightarrow{OB}-\overrightarrow{OA}$.

【解答】

由空间向量的坐标运算法则知$\overrightarrow{AB}=\overrightarrow{OB}-\overrightarrow{OA}$，所以向量

$\overrightarrow{AB}$的坐标与向量$\overrightarrow{OB}-\overrightarrow{OA}$的坐标相同. 故正确的是④.

只有当点A与坐标原点重合时，向量$\overrightarrow{AB}$的坐标才与点B的坐标和向量$\overrightarrow{OB}$的坐标相同. 故①、③错.

只有当$\overrightarrow{OA}=\dfrac{1}{2}\overrightarrow{OB}$，即点$A$是线段$OB$的中点时，向量$\overrightarrow{AB}$的坐标才与点$A$的坐标相同. 故②错.

3.2.5 空间向量的正交分解及其坐标表示

我们知道，平面内的任意一个向量$\boldsymbol{p}$都可以用两个不共线的向量$\boldsymbol{a}$，$\boldsymbol{b}$来表示（平面向量基本定理）. 对于空间内的任意一个向量，有没有类似的结论呢？

如图3.18所示，设$\boldsymbol{i}$，$\boldsymbol{j}$，$\boldsymbol{k}$是空间内三个两两垂直的向量，且有公共起点O. 对于空间内任意一个向量$\boldsymbol{p}=\overrightarrow{OP}$，设点$Q$为点$P$在$\boldsymbol{i}$，$\boldsymbol{j}$所确定的平面上的正投影，由平面向量基本定理可知，在$\overrightarrow{OQ}$，$\boldsymbol{k}$所确定的平面上，存在实数z，使得

$$\overrightarrow{OP}=\overrightarrow{OQ}+z\boldsymbol{k}$$

而在$\boldsymbol{i}$，$\boldsymbol{j}$所确定的平面上，由平面向量基本定理可知，存在有序实数对(x,y)，使得

$$\overrightarrow{OQ}=x\boldsymbol{i}+y\boldsymbol{j}$$

从而

$$\overrightarrow{OP}=\overrightarrow{OQ}+z\boldsymbol{k}=x\boldsymbol{i}+y\boldsymbol{j}+z\boldsymbol{k}$$

由此可知，如果$\boldsymbol{i}$，$\boldsymbol{j}$，$\boldsymbol{k}$是空间内三个两两垂直的向量，那么，对空间任一向量$\boldsymbol{p}$，存在一个有序实数组(x,y,z)，使得

$$\boldsymbol{p}=x\boldsymbol{i}+y\boldsymbol{j}+z\boldsymbol{k}$$

我们称$x\boldsymbol{i}$，$y\boldsymbol{j}$，$z\boldsymbol{k}$分别为向量$\boldsymbol{p}$在$\boldsymbol{i}$，$\boldsymbol{j}$，$\boldsymbol{k}$上的分向量.

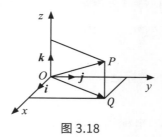

图 3.18

定理3.3　　如果三个向量a，b，c不共面，那么对空间任一向量p，存在有序实数组（x，y，z），使得$p=xa+yb+zc$.

由此可知，如果三个向量a，b，c不共面，那么所有空间向量组成的集合就是$\{p|p=xa+yb+zc$，x，y，$z\in\mathbf{R}\}$. 这个集合可看作是由向量a，b，c生成的，我们把$\{a$，b，$c\}$叫作空间的一个基底（base），a，b，c都叫作基向量（base vector），空间任何三个不共面的向量都可构成空间的一个基底.

特别地，设e_1，e_2，e_3为有公共起点O的三个两两垂直的单位向量（我们称它们为单位正交基底），以e_1，e_2，e_3的公共起点O为原点，分别以e_1，e_2，e_3的方向为x轴、y轴、z轴的正方向建立空间直角坐标系$O\text{-}xyz$. 那么，对于空间任意一个向量p，一定可以把它平移，使它的起点与原点O重合，得到向量$\overrightarrow{OP}=p$. 由空间向量基本定理可知，存在有序实数组（x，y，z），使得$p=xe_1+ye_2+ze_3$.

我们把x，y，z称作向量p在单位正交基底e_1，e_2，e_3下的坐标，记作$p=$（x，y，z）.

如图3.19所示，此时向量p的坐标恰是点P在空间直角坐标系$O\text{-}xyz$中的坐标（x_0，y_0，z_0）. 这样，我们就有了从正交基底到直角坐标系的转换.

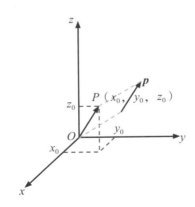

图 3.19

例题 Examples

例3.5 已知$\overrightarrow{OA}$在基底$\{a, b, c\}$下的坐标为（8，6，4），其中$a=i+j$，$b=j+k$，$c=k+i$，则$\overrightarrow{OA}$在基底$\{i, j, k\}$下的坐标为多少？

【分析】

利用空间向量的坐标运算即可得出.

【解答】

因为

$$8a+6b+4c=8（i+j）+6（j+k）+4（k+i）=12i+14j+10k$$

所以$\overrightarrow{OA}$在$\{i, j, k\}$下的坐标为（12，14，10）.

3.2.6 空间向量的数量积运算

在几何中，夹角与长度是两个最基本的几何量. 如何用空间向量的数量积表示空间两条直线的夹角和空间线段的长度呢？

如图3.20所示，已知两个非零向量a，b，在空间任取一点O，作$\overrightarrow{OA}=a$，$\overrightarrow{OB}=b$，则$\angle AOB$叫作向量a，b的夹角，记作$\langle a, b\rangle$. 通常规定$0\leqslant\langle a, b\rangle\leqslant\pi$.

当$\langle a, b\rangle=\dfrac{\pi}{2}$时，向量$a$与$b$垂直，记作$a\perp b$.

当$\langle a, b\rangle=0$或π时，向量a与b平行，记作$a//b$.

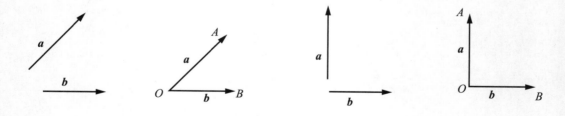

图3.20

已知两个非零向量 a，b，则 $|a||b|\cos\langle a,b\rangle$ 叫作 a，b 的数量积（inner product），记作 $a\cdot b$，即

$$a\cdot b=|a||b|\cos\langle a,b\rangle$$

零向量与任何向量的数量积为0.

特别地，

$$a\cdot a=|a||a|\cos\langle a,a\rangle=|a|^2$$

空间向量的数量积满足如下的运算律：

$$(\lambda a)\cdot b=\lambda\,(a\cdot b)$$

$$a\cdot b=b\cdot a \quad（交换律）$$

$$a\cdot(b+c)=a\cdot b+a\cdot c \quad（分配律）$$

【提问】

（1）对于三个均不为0的数 a，b，c，若 $ab=ac$，则 $b=c$．对于非零向量 a，b，c，由 $a\cdot b=a\cdot c$，能得到 $b=c$ 吗？如果不能，请举出反例.

（2）对于三个均不为0的数 a，b，c，若 $ab=c$，则 $a=\dfrac{c}{b}$ $\left(或\,b=\dfrac{c}{a}\right)$．对于向量 a，b，若 $a\cdot b=k$，能不能写成 $a=\dfrac{k}{b}$ $\left(或\right.$ $\left.b=\dfrac{k}{a}\right)$？也就是说，向量有除法吗？

（3）对于三个均不为0的数 a，b，c，有 $(ab)c=a(bc)$．对于不共线的三个向量 a，b，c，$(a\cdot b)c=a(b\cdot c)$ 成立吗？向量的数量积满足结合律吗？

针对上述思考：

（1）不能．如图3.21所示，向量 $\overrightarrow{OC}$ 与向量 $\overrightarrow{OA}$，$\overrightarrow{OB}$ 都垂直，因此 $\overrightarrow{OC}\cdot\overrightarrow{OA}=0=\overrightarrow{OC}\cdot\overrightarrow{OB}$，显然 $\overrightarrow{OA}$，$\overrightarrow{OB}$ 不相等.

（2）向量没有除法，所以不能写成 $a=\dfrac{k}{b}$ $\left(或\,b=\dfrac{k}{a}\right)$.

（3）不成立．$(a\cdot b)c$ 是一个数与向量 c 作数乘，$a(b\cdot c)$ 是一个数与向量 a 作数乘，而 a，c 不一定在同一方向上，所以 $(a\cdot b)c$，$a(b\cdot c)$ 不一定相等.

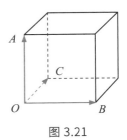

图 3.21

例题 Examples

例3.6 已知点A（-1，1，0），B（1，2，0），C（-2，-1，0），D（3，4，0），则$\overrightarrow{AB}$在$\overrightarrow{CD}$方向上的投影是什么？

【分析】

类比平面向量，利用$\overrightarrow{AB}$在$\overrightarrow{CD}$方向上的投影为$\dfrac{\overrightarrow{AB}\cdot\overrightarrow{CD}}{|\overrightarrow{CD}|}$即可得出.

【解答】

$\overrightarrow{AB}$=（2，1，0），$\overrightarrow{CD}$=（5，5，0）.

所以$\overrightarrow{AB}$在$\overrightarrow{CD}$方向上的投影为$\dfrac{\overrightarrow{AB}\cdot\overrightarrow{CD}}{|\overrightarrow{CD}|}=\dfrac{15}{5\sqrt{2}}=\dfrac{3\sqrt{2}}{2}$.

例3.7 已知$\boldsymbol{a}$=（1，-2，4），$\boldsymbol{b}$=（1，0，3），$\boldsymbol{c}$=（0，0，2）. 求：（1）$\boldsymbol{a}\cdot(\boldsymbol{b}+\boldsymbol{c})$；（2）$4\boldsymbol{a}-\boldsymbol{b}+2\boldsymbol{c}$.

【分析】

利用向量的坐标运算和数量积运算即可得出.

【解答】

（1）因为$\boldsymbol{b}+\boldsymbol{c}$=（1，0，5），所以$\boldsymbol{a}\cdot(\boldsymbol{b}+\boldsymbol{c})$=1×1+（-2）×0+4×5=21.

（2）$4\boldsymbol{a}-\boldsymbol{b}+2\boldsymbol{c}$=（4，-8，16）-（1，0，3）+（0，0，4）=（3，-8，17）.

例3.8 若$\boldsymbol{a}$=（2，-2，-2），$\boldsymbol{b}$=（2，-2，4），则$\sin\langle\boldsymbol{a}，\boldsymbol{b}\rangle$等于多少？

【分析】

由$\cos\langle\boldsymbol{a}，\boldsymbol{b}\rangle$即可得出$\sin\langle\boldsymbol{a}，\boldsymbol{b}\rangle$.

【解答】

因为$\cos\langle\boldsymbol{a}，\boldsymbol{b}\rangle=\dfrac{\boldsymbol{a}\cdot\boldsymbol{b}}{|\boldsymbol{a}||\boldsymbol{b}|}=\dfrac{0}{2\sqrt{3}\times2\sqrt{6}}=0$，所以$\boldsymbol{a}\perp\boldsymbol{b}$，故$\sin\langle\boldsymbol{a}，\boldsymbol{b}\rangle$=1.

习题 Exercises

1. 如图所示，在空间四边形$OABC$中，$\overrightarrow{OA}=\boldsymbol{a}$，$\overrightarrow{OB}=\boldsymbol{b}$，$\overrightarrow{OC}=\boldsymbol{c}$，点$M$在线段$OA$上，且$OM=2MA$，点$N$为$BC$的中点，则$\overrightarrow{MN}=$（   ）．

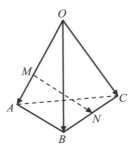

A. $-\dfrac{2}{3}\boldsymbol{a}+\dfrac{1}{2}\boldsymbol{b}+\dfrac{1}{2}\boldsymbol{c}$

B. $\dfrac{1}{2}\boldsymbol{a}-\dfrac{2}{3}\boldsymbol{b}+\dfrac{1}{2}\boldsymbol{c}$

C. $\dfrac{1}{2}\boldsymbol{a}+\dfrac{1}{2}\boldsymbol{b}-\dfrac{1}{2}\boldsymbol{c}$

D. $\dfrac{2}{3}\boldsymbol{a}+\dfrac{2}{3}\boldsymbol{b}-\dfrac{1}{2}\boldsymbol{c}$

2. 在四面体$O\text{-}ABC$中，点M在OA上，且$OM=2MA$，N为BC的中点，若$\overrightarrow{OG}=\dfrac{1}{3}\overrightarrow{OA}+\dfrac{x}{4}\overrightarrow{OB}+\dfrac{x}{4}\overrightarrow{OC}$，则使$G$与$M$，$N$共线的$x$的值为（   ）．

A. 1　　　　　B. 2　　　　　C. $\dfrac{2}{3}$　　　　　D. $\dfrac{4}{3}$

3. 在空间直角坐标系中，A（1，2，3），B（-2，-1，6），C（3，2，1），D（4，3，0），则直线AB与CD的位置关系是（   ）．

A. 平行　　　　　B. 垂直　　　　　C. 异面　　　　　D. 相交但不垂直

4. 向量$\boldsymbol{a}=$（2，4，x），$\boldsymbol{b}=$（2，y，2），若$|\boldsymbol{a}|=6$，且$\boldsymbol{a}\perp\boldsymbol{b}$，则$x+y$的值为（   ）．

A. -3　　　　　B. 1　　　　　C. -3或1　　　　D. 3或1

5. 已知A（2，-5，1），B（2，-2，4），C（1，-4，1），则向量$\overrightarrow{AB}$与$\overrightarrow{AC}$的夹角为（   ）．

A. 30°   B. 45°   C. 60°   D. 90°

6. 在x轴上与点$A(-4,1,7)$和点$B(3,5,-2)$等距离的点的坐标为（ ）.

A. $(-2,0,0)$ B. $(-3,0,0)$

C. $(3,0,0)$ D. $(2,0,0)$

7. 已知$\boldsymbol{a}=(-3,2,5)$，$\boldsymbol{b}=(1,x,-1)$，且$\boldsymbol{a}\cdot\boldsymbol{b}=2$，则$x$的值是_____.

8. 如图所示，在平行六面体$ABCD\text{-}A_1B_1C_1D_1$中，M为A_1C_1，B_1D_1的交点. 若$\overrightarrow{AB}=\boldsymbol{a}$，$\overrightarrow{AD}=\boldsymbol{b}$，$\overrightarrow{AA_1}=\boldsymbol{c}$，则向量$\overrightarrow{BM}=$_____.

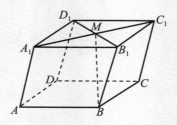

9. 已知空间三点$A(-2,0,2)$，$B(-1,1,2)$，$C(-3,0,4)$，设$\boldsymbol{a}=\overrightarrow{AB}$，$\boldsymbol{b}=\overrightarrow{AC}$.

（1）求$\boldsymbol{a}$与$\boldsymbol{b}$的夹角的余弦值；

（2）若向量$k\boldsymbol{a}+\boldsymbol{b}$与$k\boldsymbol{a}-2\boldsymbol{b}$互相垂直，求实数$k$的值；

（3）若向量$\lambda\boldsymbol{a}-\boldsymbol{b}$与$\boldsymbol{a}-\lambda\boldsymbol{b}$共线，求实数$\lambda$的值.

10. 已知向量$\boldsymbol{a}=(x,1,2)$，$\boldsymbol{b}=(1,y,-2)$，$\boldsymbol{c}=(3,1,z)$，$\boldsymbol{a}//\boldsymbol{b}$，$\boldsymbol{b}\perp\boldsymbol{c}$.

（1）求向量$\boldsymbol{a}$，$\boldsymbol{b}$，$\boldsymbol{c}$；

（2）求向量$\boldsymbol{a}+\boldsymbol{c}$与$\boldsymbol{b}+\boldsymbol{c}$所成角的余弦值.

11. 如图所示，在平行六面体$ABCD\text{-}A_1B_1C_1D_1$中，$AB=5$，$AD=3$，

$AA_1=4$，$\angle DAB=90°$，$\angle BAA_1=\angle DAA_1=60°$，$E$ 是 CC_1 的中点，设 $\overrightarrow{AB}=\boldsymbol{a}$，$\overrightarrow{AD}=\boldsymbol{b}$，$\overrightarrow{AA_1}=\boldsymbol{c}$.

（1）用 $\boldsymbol{a}$，$\boldsymbol{b}$，$\boldsymbol{c}$ 表示 $\overrightarrow{AE}$；

（2）求 AE 的长.

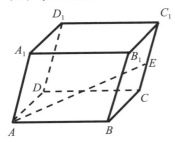

12. 已知 $\boldsymbol{a}=(1,1,0)$，$\boldsymbol{b}=(0,1,1)$，$\boldsymbol{c}=(1,0,1)$，$\boldsymbol{p}=-\boldsymbol{b}$，$\boldsymbol{q}=\boldsymbol{a}+2\boldsymbol{b}-\boldsymbol{c}$，求 $\boldsymbol{p}$，$\boldsymbol{q}$，$\boldsymbol{p}\cdot\boldsymbol{q}$.

3.3 立体几何中的向量方法

立体几何研究的基本对象是点、直线、平面以及由它们组成的空间图形. 为了用空间向量解决立体几何问题，首先必须把点、直线、平面的位置用向量表示出来.

如图3.22所示，在空间中，我们取一定点 O 作为基点，那么空间中任意一点 P 的位置就可以用向量 $\overrightarrow{OP}$ 来表示，我们把向量 $\overrightarrow{OP}$ 称为点 P 的位置向量.

图 3.22

  如图3.23所示，空间中任意一条直线l的位置可以由l上一个定点A以及一个定方向确定．点A是直线l上一点，向量$\boldsymbol{a}$表示直线l的方向（方向向量）．在直线l上取$\overrightarrow{AB}=\boldsymbol{a}$，那么对于直线$l$上任意一点$P$，一定存在实数$t$，使得

$$\overrightarrow{AP}=t\,\overrightarrow{AB}$$

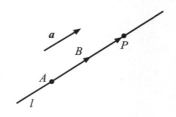

图 3.23

  这样，点A和向量$\boldsymbol{a}$不仅可以确定直线的位置，还可以具体表示出l上的任意一点．

  如图3.24所示，空间中平面α的位置可以由α内两条相交直线来确定．设这两条直线相交于点O，它们的方向向量分别为$\boldsymbol{a}$和$\boldsymbol{b}$，P为平面α上任意一点，由平面向量基本定理可知，存在有序实数对(x,y)，使得$\overrightarrow{OP}=x\boldsymbol{a}+y\boldsymbol{b}$．

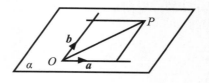

图 3.24

这样，点O与向量$\boldsymbol{a}$，$\boldsymbol{b}$不仅可以确定平面α的位置，还可以具体表示出α内的任意一点.

如图3.25所示，类比直线的方向向量，空间中平面的位置可以用平面的法向量来表示. 直线$l \perp \alpha$，取直线l的方向向量$\boldsymbol{a}$，则向量$\boldsymbol{a}$叫作平面α的法向量（normal vector）. 给定一点A和一个向量$\boldsymbol{a}$，那么，过点A，以向量$\boldsymbol{a}$为法向量的平面是完全确定的.

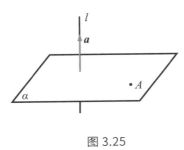

图 3.25

由于方向向量与法向量可以确定直线和平面的位置，那么空间直线与平面间的位置关系就可以用直线的方向向量与平面的法向量来表示.

如图3.26所示，设直线l的方向向量是$\boldsymbol{u}=(a_1, b_1, c_1)$，平面$\alpha$的法向量是$\boldsymbol{v}=(a_2, b_2, c_2)$，则

$$l /\!/ \alpha \Leftrightarrow \boldsymbol{u} \perp \boldsymbol{v} \Leftrightarrow \boldsymbol{u} \cdot \boldsymbol{v}=0 \Leftrightarrow a_1a_2+b_1b_2+c_1c_2=0$$

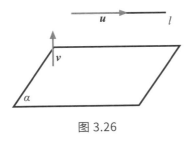

图 3.26

如图3.27所示，$l \perp \alpha \Leftrightarrow \boldsymbol{u} /\!/ \boldsymbol{v} \Leftrightarrow \boldsymbol{u}=k\boldsymbol{v} \Leftrightarrow (a_1, b_1, c_1)=k(a_2, b_2, c_2) \Leftrightarrow a_1=ka_2$，$b_1=kb_2$，$c_1=kc_2$.

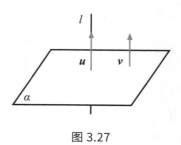

图 3.27

一般地，线线、线面和面面之间的平行、垂直和夹角等问题，都可以利用有关位置关系的定义和直线的方向向量、平面的法向量来解决，归纳起来有如下结论：

设直线l，m的方向向量分别为$\boldsymbol{a}$，$\boldsymbol{b}$，平面α，β的法向量分别为$\boldsymbol{u}$，$\boldsymbol{v}$，则

线线平行 $l//m\Leftrightarrow \boldsymbol{a}//\boldsymbol{b}\Leftrightarrow \exists k\in \mathbf{R}$，使得$\boldsymbol{a}=k\boldsymbol{b}$；

线面平行 $l//\alpha \Leftrightarrow \boldsymbol{a}\perp \boldsymbol{u}\Leftrightarrow \boldsymbol{a}\cdot \boldsymbol{u}=0$；

面面平行 $\alpha //\beta \Leftrightarrow \boldsymbol{u}//\boldsymbol{v}\Leftrightarrow \exists k\in \mathbf{R}$，使得$\boldsymbol{u}=k\boldsymbol{v}$；

线线垂直 $l\perp m\Leftrightarrow \boldsymbol{a}\perp \boldsymbol{b}\Leftrightarrow \boldsymbol{a}\cdot \boldsymbol{b}=0$；

线面垂直 $l\perp \alpha \Leftrightarrow \boldsymbol{a}//\boldsymbol{u}\Leftrightarrow \exists k\in \mathbf{R}$，使得$\boldsymbol{a}=k\boldsymbol{u}$；

面面垂直 $\alpha \perp \beta \Leftrightarrow \boldsymbol{u}\perp \boldsymbol{v}\Leftrightarrow \boldsymbol{u}\cdot \boldsymbol{v}=0$；

线线夹角

$$l，m的夹角为\theta \left(0\leqslant \theta \leqslant \frac{\pi}{2}\right)，\quad \cos \theta =\frac{\boldsymbol{a}\cdot \boldsymbol{b}}{|\boldsymbol{a}||\boldsymbol{b}|}$$

线面夹角

$$l，\alpha 的夹角为\theta \left(0\leqslant \theta \leqslant \frac{\pi}{2}\right)，\quad \sin \theta =\frac{|\boldsymbol{a}\cdot \boldsymbol{u}|}{|\boldsymbol{a}||\boldsymbol{u}|}$$

如图3.28所示.

微件 图3.28 | 向量法求直线与平面所成的角

面面夹角

α，β的夹角为$\theta\left(0<\theta\leqslant\dfrac{\pi}{2}\right)$，$\quad\cos\theta=\dfrac{|\boldsymbol{u}\cdot\boldsymbol{v}|}{|\boldsymbol{u}||\boldsymbol{v}|}$

异面直线所成角

l，m的夹角为$\theta\left(0\leqslant\theta\leqslant\dfrac{\pi}{2}\right)$，$\quad\cos\theta=\dfrac{|\boldsymbol{e_1}\cdot\boldsymbol{e_2}|}{|\boldsymbol{e_1}||\boldsymbol{e_2}|}$

（$\boldsymbol{e}_1$，$\boldsymbol{e}_2$分别是直线l，m的方向向量）

如图3.29所示.

微件　图3.29｜向量法求异面直线所成的角

点到平面的距离

$$d=\dfrac{|\boldsymbol{n}\cdot\overrightarrow{BA}|}{|\boldsymbol{n}|}$$

如图3.30所示.

微件　图3.30｜向量法求点到平面的距离

二面角的平面角

$$\cos \theta = -\cos \langle \boldsymbol{n}_1, \boldsymbol{n}_2 \rangle \quad （法向量同侧）$$

或

$$\cos \theta = \cos \langle \boldsymbol{n}_1, \boldsymbol{n}_2 \rangle \quad （法向量异侧）$$

如图3.31所示.

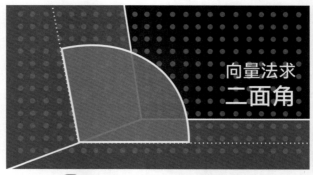

微件　图 3.31｜向量法求二面角

注意:

（1）这里的线线平行包括线线重合，线面平行包括线在面内，面面平行包括面面重合.

（2）这里的线线夹角、线面夹角、面面夹角都是按照相关定义给出的，即 $0 \leqslant \theta \leqslant \dfrac{\pi}{2}$.

下面用向量方法证明"平面与平面平行的判定定理".

定理3.4　一个平面内的两条相交直线与另一个平面平行，则这两个平面平行.

如图3.32所示，已知直线 l，m 和平面 α，β，其中 l，$m \subset \alpha$，l 与 m 相交，$l /\!/ \beta$，$m /\!/ \beta$，求证：$\alpha /\!/ \beta$.

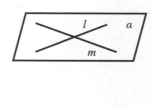

图 3.32

证明:设相交直线l,m的方向向量分别为$\boldsymbol{a}$,$\boldsymbol{b}$,平面α,β的法向量分别为$\boldsymbol{u}$,$\boldsymbol{v}$,如图3.33所示.

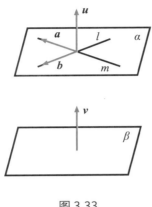

图 3.33

因为$l/\!/\beta$,$m/\!/\beta$,所以$\boldsymbol{a}\perp\boldsymbol{v}$,$\boldsymbol{b}\perp\boldsymbol{v}$,因此$\boldsymbol{a}\cdot\boldsymbol{v}=0$,$\boldsymbol{b}\cdot\boldsymbol{v}=0$.

因为$l\subset\alpha$,$m\subset\alpha$,且l,m相交,所以α内任一直线的方向向量$\boldsymbol{p}$可以表示为下列形式:

$$\boldsymbol{p}=x\boldsymbol{a}+y\boldsymbol{b}, \qquad x,y\in\mathbf{R}$$

因为$\boldsymbol{p}\cdot\boldsymbol{v}=(x\boldsymbol{a}+y\boldsymbol{b})\cdot\boldsymbol{v}=x\boldsymbol{a}\cdot\boldsymbol{v}+y\boldsymbol{b}\cdot\boldsymbol{v}=0$,即平面$\beta$的法线与平面$\alpha$内任意直线垂直,所以平面$\beta$的法向量也是平面$\alpha$的法向量,即$\boldsymbol{u}/\!/\boldsymbol{v}$.

因此$\alpha/\!/\beta$.

类比用平面向量解决平面几何问题的"三部曲",我们可以得出用空间向量解决立体几何问题的"三部曲":

(1)建立立体图形与空间向量的联系,用空间向量表示问题中涉及的点、直线、平面,把立体几何问题转化为向量问题;

(2)通过向量运算,研究点、直线、平面之间的位置关系以及它们之间的距离和夹角等问题;

(3)把向量的运算结果"翻译"成相应的几何意义.

习题 Exercises

1. 已知 $|a|=5$，$|b|=3$，且 $a \cdot b=-12$，则向量 a 在向量 b 上的投影等于（ ）.

A. $\dfrac{12}{5}$ B. 4   C. $-\dfrac{12}{5}$ D. -4

2. 已知向量 $a=(2,-1,3)$，$b=(-4,2,x)$，使 $a \perp b$ 成立的 x 与使 $a // b$ 成立的 x 分别为（ ）.

A. $\dfrac{10}{3}$，-6 B. $-\dfrac{10}{3}$，6   C. -6，$\dfrac{10}{3}$ D. 6，$-\dfrac{10}{3}$

3. 已知直线 l 的一般方程式为 $x+y+1=0$，则 l 的一个方向向量为（ ）.
A.（1，1）   B.（1，-1）   C.（1，2）   D.（1，-2）

4. 如果平面的一条斜线和它在这个平面上的射影的方向向量分别是 $a=(1,0,1)$，$b=(0,1,1)$，那么这条斜线与平面所成的角是（ ）.

A. 90°   B. 60°   C. 45°   D. 30°

5. 如图所示，在长方体 $ABCD$-$A_1B_1C_1D_1$ 中，$AD=AA_1=1$，$AB=2$，点 E 是棱 AB 的中点，则点 E 到平面 ACD_1 的距离为（ ）.

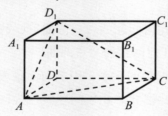

A. $\dfrac{1}{2}$ B. $\dfrac{\sqrt{2}}{2}$ C. $\dfrac{1}{3}$ D. $\dfrac{1}{6}$

6. 已知 $\overrightarrow{AB}=(1,5,-2)$，$\overrightarrow{BC}=(3,1,z)$，若 $\overrightarrow{AB} \perp \overrightarrow{BC}$，$\overrightarrow{BP}=(x-1,y,-3)$，且 $\overrightarrow{BP} \perp$ 平面 ABC，则实数 x，y，z 分别为（ ）.

A. $\dfrac{33}{7}$, $-\dfrac{15}{7}$, 4

B. $\dfrac{40}{7}$, $-\dfrac{15}{7}$, 4

C. $\dfrac{40}{7}$, -2 , 4

D. 4 , $\dfrac{40}{7}$, -15

7. 已知A（4，1，3），B（2，3，1），C（3，7，-5），点P（x，-1，3）在平面ABC内，则$x=$_____.

8. 已知$l//\alpha$，且l的方向向量为（2，m，1），平面α的法向量为$\left(1，\dfrac{1}{2}，2\right)$，则$m=$_____.

9. 在棱长是2的正方体$ABCD\text{-}A_1B_1C_1D_1$中，E，F分别为AB，A_1C的中点．应用空间向量方法求解下列问题：

（1）求EF的长；

（2）证明：$EF//$平面AA_1D_1D；

（3）证明：$EF\perp$平面A_1CD．

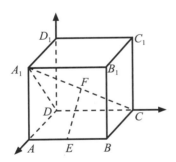

10. 如图所示，在正方体$ABCD\text{-}A_1B_1C_1D_1$中，E，F分别是BB_1，CD的中点．

（1）证明：$AD\perp D_1F$；

（2）求AE与D_1F所成的角；

（3）证明：平面$AED\perp$平面A_1FD_1；

（4）设$AA_1=2$，求三棱锥的体积$V_{F-A_1ED_1}$.

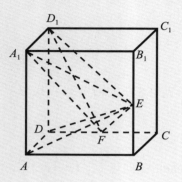

11. 如图所示，在三棱锥$P-ABC$中，$PA=PB=AB=BC$，$\angle ABC=90°$，D为AC的中点.

（1）求证：$AB \perp PD$；

（2）若$\angle PBC=90°$，求二面角$B-PD-C$的余弦值.

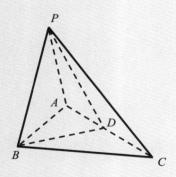

12. 如图所示，在四棱锥$P\text{-}ABCD$中，$\triangle PAD$为等边三角形，且平面$PAD \perp$平面$ABCD$，$AD=2BC=2$，$AB \perp AD$，$AB \perp BC$.

（1）证明：$PC \perp BC$；

（2）若直线PC与平面$ABCD$所成角为$60°$，求二面角$B\text{-}PC\text{-}D$的余弦值.

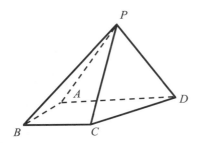

Summary

章末总结

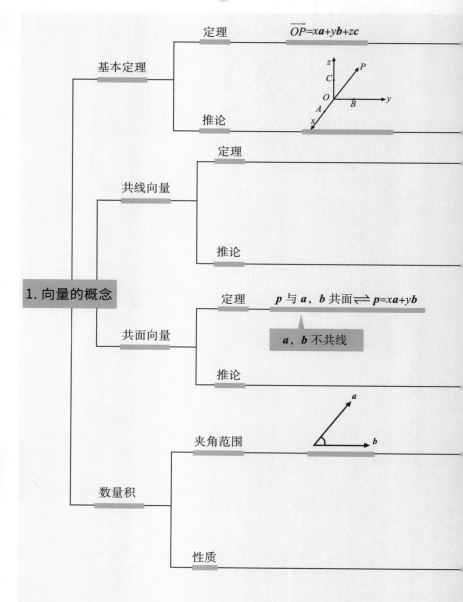

空间向量与
立体几何

1. 向量的概念

2. 向量的坐标运算

3. 向量方法

a, b, c 不共面, x, y, z 唯一, a, b, c 为基底

O, A, B, C 不共面, 对空间内任一点 P, 有 $\overrightarrow{OP} = x\overrightarrow{OA} + y\overrightarrow{OB} + z\overrightarrow{OC}$

$a//b$ ($b \neq 0$) $\Leftrightarrow$ $a = \lambda b$

A, B, P 三点共线的充要条件

$$\overrightarrow{OP} = (1-t)\,\overrightarrow{OA} + t\overrightarrow{OB}$$

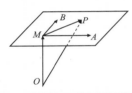

$$\overrightarrow{OP} = \overrightarrow{OM} + x\overrightarrow{MA} + y\overrightarrow{MB}$$

$\langle a, b \rangle = 0$ 　　　　同向共线

$\langle a, b \rangle = \pi$ 　　　　反向共线

$a//b \Rightarrow \langle a, b \rangle = 0$ 或 $\langle a, b \rangle = \pi$

$\langle a, b \rangle = \dfrac{\pi}{2} \Rightarrow a \perp b$

非零向量 $a \cdot b = 0$ 的充要条件是 $a \perp b$

$a \cdot a = |a|^2$

$$\cos \langle a, b \rangle = \frac{a \cdot b}{|a||b|}$$

$|a \cdot b| \leqslant |a||b|$, 并且只有当 $a//b$ 时, "=" 才成立

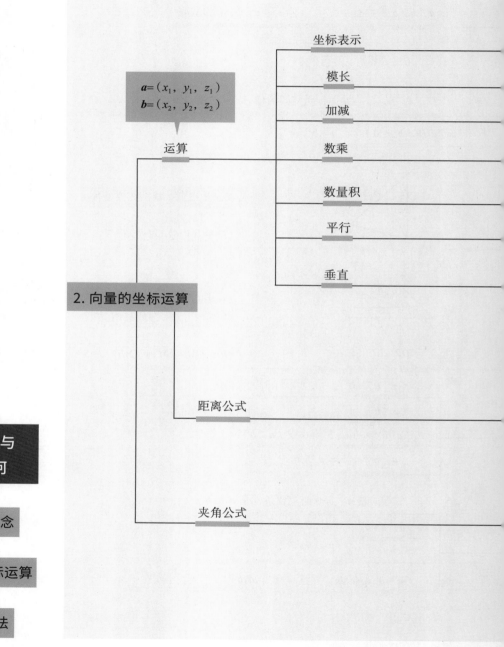

坐标表示

模长

加减

数乘

$a = (x_1, \ y_1, \ z_1)$
$b = (x_2, \ y_2, \ z_2)$

数量积

运算

平行

垂直

2. 向量的坐标运算

距离公式

夹角公式

空间向量与
立体几何

1. 向量的概念

2. 向量的坐标运算

3. 向量方法

$$\overrightarrow{AB}=\overrightarrow{OB}-\overrightarrow{OA}=(x_2-x_1,\ y_2-y_1,\ z_2-z_1)$$

$$A(x_1,\ y_1,\ z_1)$$
$$B(x_2,\ y_2,\ z_2)$$

$$|\boldsymbol{a}|=\sqrt{x_1^2+y_1^2+z_1^2}$$

$$\boldsymbol{a}+\boldsymbol{b}=(x_1+x_2,\ y_1+y_2,\ z_1+z_2);\ \boldsymbol{a}-\boldsymbol{b}=(x_1-x_2,\ y_1-y_2,\ z_1-z_2)$$

$$\lambda\boldsymbol{a}=(\lambda x_1,\ \lambda y_1,\ \lambda z_1)$$

$$\boldsymbol{a}\cdot\boldsymbol{b}=x_1x_2+y_1y_2+z_1z_2$$

$$\boldsymbol{a}//\boldsymbol{b}\ (\boldsymbol{b}\neq\boldsymbol{0})\Rightarrow\boldsymbol{a}=\lambda\boldsymbol{b}\Rightarrow\begin{cases}x_1=\lambda x_2\\y_1=\lambda y_2\\z_1=\lambda z_2\end{cases}(\lambda\in\mathbf{R})$$

$$\boldsymbol{a}\perp\boldsymbol{b}\Rightarrow x_1x_2+y_1y_2+z_1z_2=0$$

$$|\overrightarrow{AB}|=\sqrt{(x_2-x_1)^2+(y_2-y_1)^2+(z_2-z_1)^2}$$

$$A(x_1,\ y_1,\ z_1)$$
$$B(x_2,\ y_2,\ z_2)$$

$$\cos\langle\boldsymbol{a},\ \boldsymbol{b}\rangle=\frac{x_1x_2+y_1y_2+z_1z_2}{\sqrt{x_1^2+y_1^2+z_1^2}\cdot\sqrt{x_2^2+y_2^2+z_2^2}}$$

$$\boldsymbol{a}=(x_1,\ y_1,\ z_1)$$
$$\boldsymbol{b}=(x_2,\ y_2,\ z_2)$$

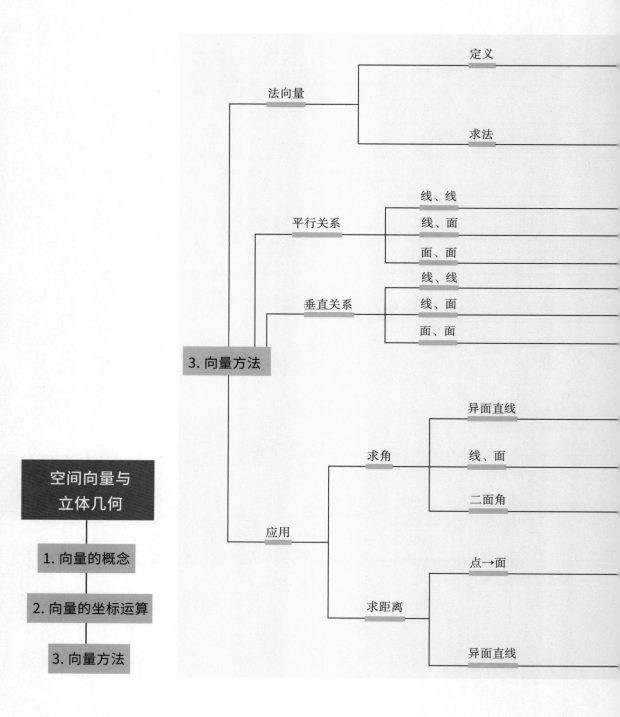

空间向量与
立体几何

1. 向量的概念

2. 向量的坐标运算

3. 向量方法

法向量 —— 定义 / 求法

平行关系 —— 线、线 / 线、面 / 面、面

垂直关系 —— 线、线 / 线、面 / 面、面

3. 向量方法

求角 —— 异面直线 / 线、面 / 二面角

应用

求距离 —— 点→面 / 异面直线

$l \perp \alpha$，l 的方向向量是 a，$a \perp \alpha$，则称 a 为平面 α 的法向量

设法向量

找平面内两不共线向量坐标

建立 x，y，z 的方程组

解方程组

a，b 为 l，m 的方向向量	$l//m \Leftrightarrow a//b \Leftrightarrow a=kb$
u 为 α 的法向量	$a//\alpha \Leftrightarrow a \perp u$，$a \cdot u=0$
u，v 为 α，β 的法向量	$\alpha//\beta \Leftrightarrow u//v$

$a \perp b \Leftrightarrow a \cdot b=0$

直线 l 的法向量 a，面 α 的法向量 u $a//u$

转化为线面、线线

证面的法向量垂直

$\cos \theta = \dfrac{|\overrightarrow{AC} \cdot \overrightarrow{BD}|}{|\overrightarrow{AC}||\overrightarrow{BD}|}$

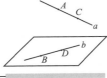

$\sin \theta = |\cos \varphi| = \dfrac{|a \cdot u|}{|a||u|}$

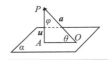

n_1，n_2 分指两侧 $\cos \theta = \dfrac{n_1 \cdot n_2}{|n_1||n_2|}$

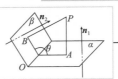

n_1，n_2 指同侧时
$\theta = \pi - \langle n_1, n_2 \rangle$

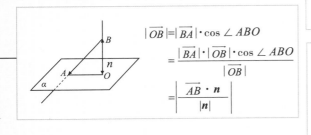

$|\overrightarrow{OB}| = |\overrightarrow{BA}| \cdot \cos \angle ABO$

$= \dfrac{|\overrightarrow{BA}| \cdot |\overrightarrow{OB}| \cdot \cos \angle ABO}{|\overrightarrow{OB}|}$

$= \dfrac{|\overrightarrow{AB} \cdot n|}{|n|}$

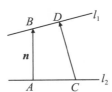

n 为公垂线的方向向量
$C \in l_2$，$D \in l_1$
$d = |\overrightarrow{AB}| = \dfrac{|\overrightarrow{CD} \cdot n|}{|n|}$

一、选择题

1. 已知向量 $\boldsymbol{a}=(2m+1,3,m-1)$，$\boldsymbol{b}=(2,m,-m)$，且 $\boldsymbol{a}//\boldsymbol{b}$，则实数 m 的值等于（　　）.

A. $\dfrac{3}{2}$ 　　　B. -2 　　　C. 0 　　　D. $\dfrac{3}{2}$ 或 -2

2. 设平面 α 的一个法向量为 $\boldsymbol{n}_1=(1,2,-2)$，平面 β 的一个法向量为 $\boldsymbol{n}_2=(-2,-4,k)$，若 $\alpha//\beta$，则 $k=$（　　）.

A. 2 　　　B. -4 　　　C. -2 　　　D. 4

3. 在三棱锥 $O\text{-}ABC$ 中，M，N 分别是 AB，OC 的中点，且 $\overrightarrow{OA}=\boldsymbol{a}$，$\overrightarrow{OB}=\boldsymbol{b}$，$\overrightarrow{OC}=\boldsymbol{c}$，用 $\boldsymbol{a}$，$\boldsymbol{b}$，$\boldsymbol{c}$ 表示 $\overrightarrow{NM}$，则 $\overrightarrow{NM}$ 等于（　　）.

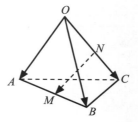

A. $\dfrac{1}{2}(-\boldsymbol{a}+\boldsymbol{b}+\boldsymbol{c})$ 　　　　　B. $\dfrac{1}{2}(\boldsymbol{a}+\boldsymbol{b}-\boldsymbol{c})$

C. $\dfrac{1}{2}(\boldsymbol{a}-\boldsymbol{b}+\boldsymbol{c})$ 　　　　　D. $\dfrac{1}{2}(-\boldsymbol{a}-\boldsymbol{b}+\boldsymbol{c})$

4. 已知长方体 $ABCD\text{-}A_1B_1C_1D_1$，下列向量的数量积一定不为 0 的是（　　）.

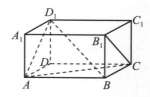

A. $\overrightarrow{AD_1}\cdot\overrightarrow{B_1C}$ 　　　　　B. $\overrightarrow{BD_1}\cdot\overrightarrow{AC}$

C. $\overrightarrow{AB}\cdot\overrightarrow{AD_1}$ 　　　　　D. $\overrightarrow{BD_1}\cdot\overrightarrow{BC}$

5. 已知向量 $\boldsymbol{v}_1$，$\boldsymbol{v}_2$，$\boldsymbol{v}_3$ 分别是空间三条不同直线 l_1，l_2，l_3 的方向向量，则下列命题正确的是（　　）.

A. $l_1 \perp l_2$，$l_2 \perp l_3 \Rightarrow \boldsymbol{v}_1 = \lambda \boldsymbol{v}_3$（$\lambda \in \mathbf{R}$）

B. $l_1 \perp l_2$，$l_2 /\!/ l_3 \Rightarrow \boldsymbol{v}_1 = \lambda \boldsymbol{v}_3$（$\lambda \in \mathbf{R}$）

C. l_1，l_2，l_3 平行于同一个平面 $\Rightarrow \exists \lambda$，$\mu \in \mathbf{R}$，使得 $\boldsymbol{v}_1 = \lambda \boldsymbol{v}_2 + \mu \boldsymbol{v}_3$

D. l_1，l_2，l_3 共点 $\Rightarrow \exists \lambda$，$\mu \in \mathbf{R}$，使得 $\boldsymbol{v}_1 = \lambda \boldsymbol{v}_2 + \mu \boldsymbol{v}_3$

6. 如图所示，在长方体 $ABCD\text{-}A_1B_1C_1D_1$ 中，$AB=BC=2$，$AA_1=1$，则 BC_1 与平面 BB_1D_1D 所成角的正弦值为（　　）．

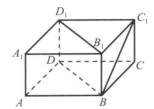

A. $\dfrac{\sqrt{6}}{3}$　　　　B. $\dfrac{2\sqrt{5}}{5}$　　　　C. $\dfrac{\sqrt{15}}{5}$　　　　D. $\dfrac{\sqrt{10}}{5}$

7. 在正方体 $ABCD\text{-}A_1B_1C_1D_1$ 中，E 是 C_1C 的中点，则直线 BE 与平面 B_1BD 所成角的正弦值为（　　）．

A. $-\dfrac{\sqrt{10}}{5}$　　　　B. $\dfrac{\sqrt{10}}{5}$　　　　C. $-\dfrac{\sqrt{15}}{5}$　　　　D. $\dfrac{\sqrt{15}}{5}$

8. 若高为 $\dfrac{\sqrt{2}}{4}$ 的四棱锥 $S\text{-}ABCD$ 的底面是边长为 1 的正方形，点 S，A，B，C，D 均在半径为 1 的同一球面上，则底面 $ABCD$ 的中心与顶点 S 之间的距离为（　　）．

A. $\dfrac{\sqrt{2}}{4}$　　　　B. $\dfrac{\sqrt{2}}{2}$　　　　C. 1　　　　D. $\sqrt{2}$

9. 如图所示，在正方体 $ABCD\text{-}A_1B_1C_1D_1$ 中，点 O 为线段 BD 的中点，设点 P 在线段 CC_1 上，直线 OP 与平面 A_1BD 所成的角为 α，则 $\sin\alpha$ 的取值范围是（　　）．

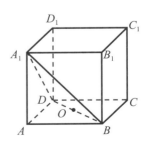

A. $\left[\dfrac{\sqrt{3}}{3},\ 1\right]$　　　　　　　　　B. $\left[\dfrac{\sqrt{6}}{3},\ 1\right]$

C. $\left[\dfrac{\sqrt{6}}{3},\ \dfrac{2\sqrt{2}}{3}\right]$　　　　　　　D. $\left[\dfrac{2\sqrt{2}}{3},\ 1\right]$

10. 已知正四棱柱$ABCD$-$A_1B_1C_1D_1$中，$AA_1=2AB$，则CD与平面BDC_1所成角的正弦值等于（   ）.

A. $\dfrac{2}{3}$ B. $\dfrac{\sqrt{3}}{3}$ C. $\dfrac{\sqrt{2}}{3}$ D. $\dfrac{1}{3}$

11. 已知三棱柱ABC-$A_1B_1C_1$的侧棱与底面垂直，体积为$\dfrac{9}{4}$，底面是边长为$\sqrt{3}$的正三角形. 若P为底面$A_1B_1C_1$的中心，则PA与平面$A_1B_1C_1$所成角的大小为（   ）.

A. $\dfrac{5\pi}{12}$ B. $\dfrac{\pi}{3}$ C. $\dfrac{\pi}{4}$ D. $\dfrac{\pi}{6}$

12. 如图所示，已知正四面体D-ABC（所有棱长均相等的三棱锥），P，Q，R分别为AB，BC，CA上的点，$AP=PB$，$\dfrac{BQ}{QC}=\dfrac{CR}{RA}=2$，分别记二面角$D$-$PR$-$Q$，$D$-$PQ$-$R$，$D$-$QR$-$P$的平面角为$\alpha$，$\beta$，$\gamma$，则（   ）.

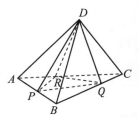

A. $\gamma<\alpha<\beta$ B. $\alpha<\gamma<\beta$

C. $\alpha<\beta<\gamma$ D. $\beta<\gamma<\alpha$

二、填空题

13. 在四面体O-ABC中，$\overrightarrow{OA}=\boldsymbol{a}$，$\overrightarrow{OB}=\boldsymbol{b}$，$\overrightarrow{OC}=\boldsymbol{c}$，$D$为$BC$的中点，$E$为$AD$的中点，则$\overrightarrow{OE}=$_____（用$\boldsymbol{a}$，$\boldsymbol{b}$，$\boldsymbol{c}$表示）.

14. 如图所示，在三棱锥D-ABC中，已知$AB=AD=2$，$BC=1$，$\overrightarrow{AC}\cdot\overrightarrow{BD}=-3$，则$CD=$_____.

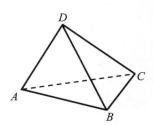

15. 已知正方体 $ABCD$-$A_1B_1C_1D_1$，点 E 是棱 A_1B_1 的中点，则直线 AE 与平面 BDD_1B_1 所成角的正弦值为_____.

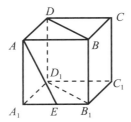

16. a，b 为空间中两条互相垂直的直线，等腰直角三角形 ABC 的直角边 AC 所在直线与 a，b 都垂直，斜边 AB 以直线 AC 为旋转轴旋转，有下列结论：

① 当直线 AB 与 a 成 $60°$ 角时，AB 与 b 成 $30°$ 角；

② 当直线 AB 与 a 成 $60°$ 角时，AB 与 b 成 $60°$ 角；

③ 直线 AB 与 a 所成角的最小值为 $45°$；

④ 直线 AB 与 a 所成角的最小值为 60.

其中正确的是_____.（填写所有正确结论的编号.）

三、解答题

17. 如图所示，在正四棱柱 $ABCD$-$A_1B_1C_1D_1$ 中，设 $AD=1$，$D_1D=\lambda$（$\lambda>0$），若棱 C_1C 上存在唯一的一点 P 满足 $A_1P\perp PB$，求实数 λ 的值.

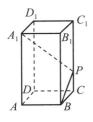

18. 设点 E，F 分别是棱长为2的正方体 $ABCD$-$A_1B_1C_1D_1$ 的棱 AB，AA_1 的中点. 如图所示，以 C 为坐标原点，射线 CD，CB，CC_1 分别为 x 轴、y 轴、z 轴的正半轴，建立空间直角坐标系.

（1）求向量$\overrightarrow{D_1E}$与$\overrightarrow{C_1F}$的数量积.

（2）若点M，N分别是线段D_1E与线段C_1F上的点，问是否存在直线MN，使得$MN\perp$平面$ABCD$？若存在，求点M，N的坐标；若不存在，请说明理由.

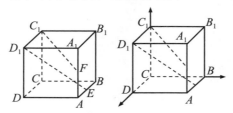

19. 如图所示，已知边长为6的菱形$ABCD$，$\angle ABC=120°$，AC与BD相交于O，将菱形$ABCD$沿对角线AC折起，使$BD=3\sqrt{2}$.

（1）若M是BC的中点，求证：在三棱锥$D\text{-}ABC$中，直线OM与平面ABD平行；

（2）求二面角$A\text{-}BD\text{-}O$的余弦值；

（3）在三棱锥$D\text{-}ABC$中，设点N是BD上的一个动点，试确定N点的位置，使得$CN=4\sqrt{2}$.

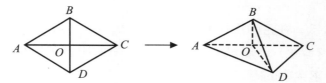

20. 如图所示，在三棱柱$ABC\text{-}A_1B_1C_1$中，$\angle BAC=90°$，$AB=AC=2$，$A_1A=4$，A_1在底面ABC上的射影为BC的中点，D是B_1C_1的中点.

（1）证明：$A_1D\perp$平面A_1BC；

（2）求直线A_1B和平面BB_1C_1C所成角的正弦值.

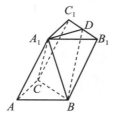

21. 在棱长为2的正方体中，E，F分别是DD_1，DB的中点，G在棱CD上，且$CG=\dfrac{1}{3}CD$，H是C_1G的中点.

（1）证明：$EF \perp B_1C$；

（2）求$\cos\langle \overrightarrow{EF}, \overrightarrow{C_1G} \rangle$；

（3）求FH的长.

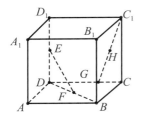

22. 如图所示，在四棱柱$ABCD\text{-}A_1B_1C_1D_1$中，侧棱$AA_1 \perp$底面$ABCD$，$AB//DC$，$AA_1=1$，$AB=3k$，$AD=4k$，$BC=5k$，$DC=6k$（$k>0$）.

（1）求证：$CD \perp$平面ADD_1A_1.

（2）若直线AA_1与平面AB_1C所成角的正弦值为$\dfrac{6}{7}$，求k的值.

（3）现将与四棱柱$ABCD\text{-}A_1B_1C_1D_1$形状和大小完全相同的两个四棱柱拼成一个新的四棱柱，规定：若拼成的新四棱柱形状和大小完全相同，则视为同一种拼接方案，问共有几种不同的拼接方案？在这些拼接成的新四棱柱中，记其中最小的表面积为$f(k)$，写出$f(k)$的解析式.（直接写出答案，不必说明理由.）

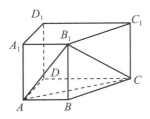

高考考纲

1. 空间向量及其运算

（1）了解空间向量的概念，了解空间向量的基本定理及其意义，掌握空间向量的正交分解及其坐标表示.

（2）掌握空间向量的线性运算及其坐标表示.

（3）掌握空间向量的数量积及其坐标表示，能运用向量的数量积判断向量的共线与垂直.

2. 空间向量的应用

（1）理解直线的方向向量与平面的法向量.

（2）能用向量语言表述直线与直线、直线与平面、平面与平面的垂直、平行关系.

（3）能用向量方法证明有关直线和平面位置关系的一些定理（包括三垂线定理）.

（4）能用向量方法解决直线与直线、直线与平面、平面与平面的夹角的计算问题，了解向量方法在研究立体几何问题中的应用.

考纲解读

在高考中本章主要考查如何利用向量方法解决各类立体几何问题，主要包括距离的运算、运算法则、投影的计算应用、用向量法解决一系列空间角问题，其中用向量法解决位置关系、空间角、距离是考查的重点. 向量法对不同的空间角问题都有基本固定的步骤，比如建坐标系，写点坐标，求法向量或者方向向量，判断向量夹角与空间角的关系. 不同于几何法求解，向量法将较为复杂的立体几何逻辑推理转化为数学运算，主要考查学生的计算能力，是需要掌握的重要方法之一.

常见题型

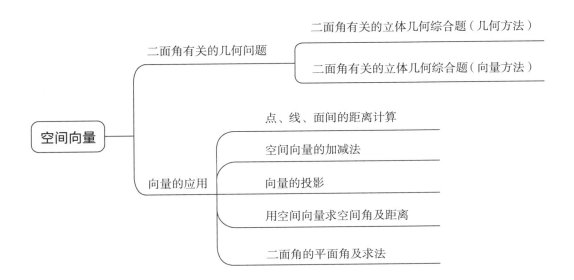

空间向量

二面角有关的几何问题
- 二面角有关的立体几何综合题（几何方法）
- 二面角有关的立体几何综合题（向量方法）

向量的应用
- 点、线、面间的距离计算
- 空间向量的加减法
- 向量的投影
- 用空间向量求空间角及距离
- 二面角的平面角及求法

符号说明

$A \in a$	点A在直线a上
$A \notin a$	点A不在直线a上
$A \in \alpha$	点A在平面α上
$A \notin \alpha$	点A不在平面α上
$\alpha \cap \beta = a$	平面α和平面β的交线是a
$a \subset \alpha$	直线a在平面α内
$a \not\subset \alpha$	直线a不在平面α内
$a \cap b = A$	直线a与直线b相交于A点
$a \cap \alpha = A$	直线a与平面α相交于A点
$a // \alpha$	直线a与平面α互相平行
$\alpha // \beta$	平面α与平面β互相平行
$a \perp \alpha$	直线a与平面α互相垂直
$\alpha \perp \beta$	平面α与平面β互相垂直
二面角$\alpha\text{-}AB\text{-}\beta$（$\alpha\text{-}l\text{-}\beta$）	棱为AB，面为α，β的二面角（棱为l，面为α，β的二面角）
AB或$\|AB\|$	线段AB的长度
$O\text{-}xyz$	空间直角坐标系
$\boldsymbol{a}$	向量$\boldsymbol{a}$
$\|\boldsymbol{a}\|$	向量$\boldsymbol{a}$的长度或模
$\{\boldsymbol{i},\ \boldsymbol{j},\ \boldsymbol{k}\}$	空间向量的一个基底
$\{\boldsymbol{e}_1,\ \boldsymbol{e}_2,\ \boldsymbol{e}_3\}$	空间向量的单位正交基
$\boldsymbol{a} \cdot \boldsymbol{b}$	向量$\boldsymbol{a}$，$\boldsymbol{b}$的数量积

参考答案

第1章

1.2　习题

1. B　　　2. A　　　3. C　　　4. B　　　5. B　　　6. C

7. 矩形，等腰三角形，等腰梯形

8. （a）（c）

9. （a）（h）为球体，（b）为圆柱体，（c）为圆锥体

　（d）为圆台体，（e）为棱锥体，（f）为棱柱体

　（g）为两棱锥体的组合体

10. （1）圆柱面

　（2）圆锥面

　（3）一个曲面（与花篮类似）

11.

关注火花学院公众号
1. 回复"立体几何"
获取详细解析内容
2. 回复"内容精讲"
获取精彩课程视频

1.3.1 习题

1. B   2. B   3. A   4. C   5. D   6. D

7. 16   8. $2\sqrt{3}$ 9. 8   10. $8a$, $2\sqrt{2}a^2$ 11. $2+\sqrt{2}$

1.3.2 习题

1. B   2. B   3. A   4. A   5. C   6. C

7. (a)(c)   8. $2\sqrt{7}$

9.

正视图　　侧视图

俯视图

10. 三棱柱

11. (1)

正视图　　侧视图

俯视图

(2)

正视图　　侧视图

俯视图

1.4 习题

1. B   2. C   3. D   4. A   5. C   6. A

7. C   8. $\dfrac{2}{3}$ 9. 48   10. $\dfrac{\sqrt{2}}{3}a^3$

11. (1)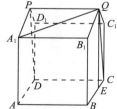

（2）$22+4\sqrt{2}$ cm², 10 cm³

12. $5+4\sqrt{2}$

迁移应用

一、选择题

1. C   2. B   3. C   4. D   5. C   6. A
7. D   8. B   9. C   10. C   11. A   12. D

二、填空题

13. $\dfrac{1}{3}$ 14. 4   15. 16π 16. ②④⑤

三、解答题

17.（1）64；（2）$40+24\sqrt{2}$

18. $100(1+\sqrt{6})\pi$, $\dfrac{1000\sqrt{5}}{3}\pi$

19.（1）$\left(4\pi x-\dfrac{2\pi}{3}x^2\right)$ cm²；（2）3 cm

20.（1）2；（2）$\dfrac{(32+8)\sqrt{2}\pi}{3}$

21.（1）

（2）$\dfrac{9}{7}$（$\dfrac{7}{9}$也正确）

22.（1）$9\sqrt{2}+6\sqrt{2}$；（2）$4(\sqrt{6}-2)^2\pi$, $\dfrac{4}{3}(\sqrt{6}-2)^3\pi$

第2章

2.1 习题

1. D   2. C   3. D   4. B   5. D   6. A

7. 60°   8. $\dfrac{\sqrt{6}}{6}$ 9. 见解析   10. $\dfrac{2\sqrt{5}}{5}$

11.（1）见解答；

（2）$\dfrac{9}{8}a^2$

2.2 习题

1. D   2. A   3. D   4. B   5. B   6. B

7. ②   8. ①   9. 见解析

10.（1）见解析；

（2）60°

11. 见解析

2.3 习题

1. B   2. C   3. A   4. C   5. B   6. C

7. ②④   8. ③④⑥   9. 见解析

10.（1）见解析；

（2）$\dfrac{\sqrt{7}}{2}$

11. 见解析

迁移应用

一、选择题

1. C   2. D   3. C   4. A   5. D   6. A

7. D   8. A   9. C   10. B   11. B   12. B

二、填空题

13. $\dfrac{7}{8}$ 14. $\dfrac{\sqrt{6}}{6}$ 15. ①④⑤   16. $\left(\dfrac{1}{2},\ 1\right)$

三、解答题

17.（1）$\dfrac{\sqrt{15}}{15}$；

   （2）$\dfrac{\sqrt{6}}{6}$

18.（1）$\dfrac{3}{2}$，$\dfrac{1}{2}$；

   （2）$\dfrac{\pi}{3}$

19.（1）见解析；

   （2）见解析；

   （3）$\dfrac{2\sqrt{3}}{3}$

20. 见解析

21.（1）见解析；

   （2）见解析；

   （3）30°

22.（1）见解析；

   （2）3或$3\sqrt{3}$

关注火花学院公众号
1. 回复"立体几何"
获取详细解析内容
2. 回复"内容精讲"
获取精彩课程视频

第3章

3.2 习题

1. A   2. A   3. A   4. C   5. C   6. A

7. 5   8. $-\dfrac{1}{2}\boldsymbol{a}+\dfrac{1}{2}\boldsymbol{b}+\boldsymbol{c}$

9. （1） $-\dfrac{\sqrt{10}}{10}$；（2） $-\dfrac{5}{2}$或2；（3）-1或1

10. （1）$\boldsymbol{a}=$（-1，1，2），$\boldsymbol{b}=$（1，-1，-2），$\boldsymbol{c}=$（3，1，1）

　　（2）$\dfrac{5}{17}$

11. （1）$\overrightarrow{AE}=\boldsymbol{a}+\boldsymbol{b}+\dfrac{1}{2}\boldsymbol{c}$；（2）$3\sqrt{6}$

12. $\boldsymbol{p}=$（0，-1，-1），$\boldsymbol{q}=$（0，3，1），$\boldsymbol{p}\cdot\boldsymbol{q}=-4$

3.3 习题

1. D   2. A   3. B   4. B   5. C   6. B

7. 11   8. -8

9. （1）$\sqrt{2}$；（2）见解析；（3）见解析

10. （1）见解析；（2）90°；（3）见解析；（4）1

11. （1）见解析；（2）$\dfrac{1}{7}$

12. （1）见解析；（2）$-\dfrac{2\sqrt{7}}{7}$

迁移应用

一、选择题

1. B   2. D   3. B   4. D   5. C   6. D

7. B   8. C   9. B   10. A   11. B   12. B

二、填空题

13. $\dfrac{1}{2}\boldsymbol{a}+\dfrac{1}{4}\boldsymbol{b}+\dfrac{1}{4}\boldsymbol{c}$ 14. $\sqrt{7}$ 15. $\dfrac{\sqrt{10}}{10}$ 16. ②③

三、解答题

17. $\lambda=2$

18.（1）4；

（2）存在唯一直线MN，$M\left(\dfrac{4}{3},\ \dfrac{4}{3},\ \dfrac{2}{3}\right)$，$N\left(\dfrac{4}{3},\ \dfrac{4}{3},\ \dfrac{4}{3}\right)$

19.（1）见解析；

（2）$\dfrac{\sqrt{7}}{7}$；

（3）$N(0,\ 1,\ 2)$或$N(0,\ 2,\ 1)$

20.（1）见解析；

（2）$\dfrac{\sqrt{7}}{8}$

21.（1）见解析；

（2）$\dfrac{\sqrt{30}}{15}$；

（3）$\dfrac{\sqrt{22}}{3}$

22.（1）见解析；

（2）$k=1$；

（3）3种，$f(k)=\begin{cases}72k^2+26k,\ 0<k\leqslant\dfrac{5}{18}\\ 36k^2+36k,\ k>\dfrac{5}{18}\end{cases}$

关注火花学院公众号
1.回复"立体几何"
获取详细解析内容
2.回复"内容精讲"
获取精彩课程视频